校企合作土木建筑类专业精品教材

工程招投标与合同管理

主审　郑　睿

主编　黄丙利　李　艳　沈雪晶

教·学
资　源

上海交通大学出版社
SHANGHAI JIAO TONG UNIVERSITY PRESS

内容提要

本书强化理实一体，突出"做中教、做中学"的职教特色，介绍了工程招投标与合同管理的相关知识。全书共 7 个项目，具体包括：建设工程招投标基础，建设工程招标，建设工程投标，建设工程开标、评标与定标，建设工程施工合同及其管理，建设工程施工索赔，国际工程招投标基础。

本书结构编排合理，内容系统全面，语言通俗易懂，集理论性与实用性于一体，可作为各类院校建设工程管理类专业及其他相关专业的教材，还可供建设工程从业人员自学参考。

图书在版编目（CIP）数据

工程招投标与合同管理 / 黄丙利，李艳，沈雪晶主编. -- 上海 ： 上海交通大学出版社，2024.8
ISBN 978-7-313-30350-9

Ⅰ．①工… Ⅱ．①黄… ②李… ③沈… Ⅲ．①建筑工程－招标－高等职业教育－教材②建筑工程－投标－高等职业教育－教材③建筑工程－经济合同－管理－高等职业教育－教材 Ⅳ．①TU723

中国国家版本馆 CIP 数据核字(2024)第 032009 号

工程招投标与合同管理
GONGCHENG ZHAOTOUBIAO YU HETONG GUANLI

主　编：黄丙利　李　艳　沈雪晶
出版发行：上海交通大学出版社　　　　　　地　址：上海市番禺路 951 号
邮政编码：200030　　　　　　　　　　　　电　话：021-64071208
印　制：三河市祥达印刷包装有限公司　　　经　销：全国新华书店
开　本：787 mm×1092 mm　1/16　　　　　印　张：15
字　数：347 千字
版　次：2024 年 8 月第 1 版　　　　　　　印　次：2024 年 8 月第 1 次印刷
书　号：ISBN 978-7-313-30350-9　　　　　电子书号：ISBN 978-7-89424-827-5
定　价：49.80 元

FOREWORD »

工程招投标与合同管理对建筑市场的正常运行和健康发展具有重要意义。随着建筑市场的不断发展和完善，建筑行业对掌握工程招投标与合同管理知识和技能人才的需求也日益迫切。

为了培养建筑行业需求的专业人才，增强学生的就业竞争力，各类院校建设工程管理类专业开设了工程招投标与合同管理课程，并不断对其进行改革和优化。在此背景下，为了更好地满足教学需求，编者精心编写了本书。

本书主要具有以下特色。

1 ▶ 素质教育，立德树人

党的二十大报告指出："育人的根本在于立德。"本书积极贯彻党的二十大精神，认真践行"价值塑造、能力培养、知识传授"三位一体的育人理念，将素质教育贯穿整个教学过程。本书在每个项目的开头都明确了"素质目标"，注重提升学生的职业素养。此外，本书还在每个项目中设置了"砥节砺行"模块，旨在让学生潜移默化地接受素质教育的熏陶，树立正确的世界观、人生观和价值观。

2 ▶ 校企合作，学岗结合

在编写本书的过程中，编者获得了多位相关专家和一线工作人员的大力支持，充分考虑了工程招投标与合同管理相关岗位的实际情况，力求使理论知识和岗位需求有机结合，让学生在学习过程中切实掌握相关技能。

3 ▶ 活页理念，全新形态

为了适应教育改革的形势，落实教育部相关文件精神，本书采用活页式理念进行编写。全书分为多个项目，每个项目根据具体内容设计了配套的项目工单和项目实训。

项目工单：可以引导学生自主学习本项目的理论知识，辅助学生制订学习计划，并记录实际工作内容和遇到的问题。

项目实训：通过编写工程招投标文件，模拟开标、评标与定标过程，编写建设工程施工合同等形式，使学生系统、综合地运用所学的知识与技能，培养学生在工程招投标与合同管理工作中的实践能力。

4 ▶ 任务驱动，理实一体

本书为每个项目设计了典型工作任务。每个任务通过任务引入、相关知识、任务实施的形式展开，建立了任务驱动、理实一体的教学模式。

任务引入：通过介绍与任务相关的案例，激发学生的学习兴趣，让学生初步了解本任务的知识背景，同时提出问题，让学生带着问题学习，达到启发式教学的目的。

相关知识：以"实用、够用"为原则，精讲理论。

任务实施：通过分析和解答任务引入中的问题，培养学生独立思考和解决问题的能力，并加深学生对相关知识的理解。

5 ▶ 模块丰富，点亮课堂

本书在介绍理论知识时设置了"特别提示""案例分析""课堂互动""笔记"等模块。其中，"特别提示""案例分析"模块可以丰富学生的知识面，开阔学生的思维："课堂互动"模块可以增加学生之间的互动，活跃课堂气氛，提高学生的学习积极性："笔记"模块可以引导学生在学习过程中记录重点知识，巩固学习成果。

6 ▶ 前沿知识，助力学习

编者通过深入研究工程招投标领域最新的法律法规及规范性文件，确保了本书知识的前沿性和实用性。例如，本书与法律有关的部分内容依据 2019 年第三次修订的《中华人民共和国招标投标法实施条例》进行编写，确保了学生能够获取最前沿、最贴近实际的专业知识。

7 ▶ 平台支撑，资源丰富

本书配有丰富的数字资源，读者可以借助手机或其他移动设备扫描二维码观看微课视频，也可以登录文旌综合教育平台"文旌课堂"查看和下载本书配套资源，如教学课件、课后习题答案等。读者在学习过程中有任何疑问，都可以登录该平台寻求帮助。

此外，本书还提供了在线题库，支持"教学作业，一键发布"，教师只需要通过微信或"文旌课堂"App 扫描扉页二维码，即可迅速选题、一键发布、智能批改，并查看学生的作业分析报告，提高教学效率、提升教学体验。学生可在线完成作业，巩固所学知识，提高学习效率。

本书由郑睿担任主审，黄丙利、李艳、沈雪晶担任主编，马民杰、张健、胡芳珍、王超、马永全、徐欣、朱靓琳担任副主编。由于编者水平有限，书中难免存在疏漏或不当之处，敬请广大读者批评指正。

特别说明：

（1）本书在编写过程中，参考了大量资料并引用了部分文章。这些引用的资料大部分已获授权，但由于部分注明来源的资料来自网络，我们暂时无法联系到原作者。对此，我们深表歉意，并欢迎原作者随时与我们联系，我们将按规定支付酬劳。

（2）本书所选案例均来源于真实事件，但为了避免引起不必要的误会，部分人物使用了化名。

（3）本书没有注明资料来源的案例均为编者自编或根据真实事件改编。

🔍 ｜ 本书配套资源下载网址和联系方式

🌐　网址：https://www.wenjingketang.com
📞　电话：400-117-9835
✉️　邮箱：book@wenjingketang.com

片　头

CONTENTS

目　录

工程招投标与合同管理

项目一

建设工程招投标基础

项目导读

　　建设工程招投标是工程项目建设过程中常见的交易活动，主要包括建设工程招标与建设工程投标两部分内容。建设工程招投标是将建筑市场的主体和客体联系在一起的主要途径。在建设工程管理类专业的专业核心课中，建设工程招投标是各专业核心课之间相互关联的纽带。

　　本项目主要介绍建设工程招投标和建筑市场的基础知识，目的是让学生初步了解招投标活动。

项目要求

知识目标

（1）掌握建设工程招投标的基础知识。

（2）熟悉建设工程招投标的有关法律法规。

（3）理解建设工程发承包的概念和方式。

（4）熟悉建筑市场的特点、主体和客体。

（5）了解建筑市场资质管理的有关知识。

（6）熟悉建设工程交易中心的基本功能及运行原则。

技能目标

（1）能够运用招投标的有关法律法规分析工程案例。

（2）能够正确分析工程案例中建筑市场的主体和客体。

素质目标

（1）培养勤奋的学习态度。

（2）养成严谨、求实的工作作风。

项目工单

1. 项目描述

学生可通过实地参观建设工程交易中心与在权威网站搜集招投标有关信息相结合的方式,调查所在城市建设工程招投标情况,从而更好地理解和掌握建设工程招投标和建筑市场的基础知识。本项目要求学生以小组为单位整理搜集到的有关信息,然后进行分析和整合,记录参观学习的收获和感悟,并编写一份调查报告。

2. 小组分工

以 3~5 人为一组,选出组长并进行分工,将小组成员及分工情况填入表 1-1 中。

表 1-1　小组成员及分工情况

班级:　　　　　　　　　　组号:　　　　　　　　　　指导教师:

小组成员	姓名	学号	分工
组长			
组员			

3. 小组讨论

在开展活动前,请各组组长组织组员学习有关资料,讨论下列引导问题。

引导问题 1:什么是建设工程招投标?

引导问题 2:建设工程招投标的基本原则有哪些?

引导问题 3:建筑市场有哪些特点?

引导问题 4:建筑市场的主体和客体分别是什么?

4．制订计划

根据小组分工，每人制订一份学习计划，并在组内进行阐述。组员之间进行提问与答疑，选出最佳的学习计划，并将其填写在表 1-2 中。

表 1-2　学习计划

序号	学习内容	负责人
1		
2		
3		
4		
5		
6		

5．学习记录

按照本组选出的最佳学习计划进行有关知识的学习，并以小组为单位调查所在城市建设工程招投标情况，编写调查报告，同时将调查过程中遇到的问题及其解决办法、学习体会和收获记录在表 1-3 中。

表 1-3　学习记录表

班级：　　　　　　　　组号：

调查过程中遇到的问题及其解决办法：

学习体会和收获：

任务一 了解建设工程招投标

任务引入

某市为了改善居民的居住环境，拟对某河道进行治理。该市有关部门已批准对该河道治理项目进行公开招标。某建筑工程公司老板张某得知这一消息后，认为该项目是为人民服务的好项目，想参与投标，便让公司负责招投标的员工王某跟进。王某详细查看了该项目的招标公告后，发现公司不符合招标要求。王某建议张某去联系符合招标要求的公司，进行挂靠投标。张某拒绝了王某的建议，认为做人做事要诚实守信，不能为了利益而触犯法律法规。

思考 简要评价该案例中张某和王某的做法，并思考建设工程招投标活动应当遵循哪些基本原则。

一、建设工程招投标概述

（一）建设工程招投标的概念

1. 招投标

招投标是指招标人对工程建设、货物买卖、中介服务等交易业务，事先公布采购条件和要求，吸引愿意承接任务的众多投标人参与竞争，招标人按照规定的程序和办法择优选定中标人的活动。它是在市场经济条件下进行的一种竞争与交易方式，其特征是引入竞争机制以求达成交易协议或订立合同。

建设工程招投标
机制的引入

2. 建设工程招投标

建设工程招投标是指建设单位或个人通过招标的方式，将工程及与工程建设有关的货物、服务等业务，一次或分步发包，由具有相应资质的承包单位通过投标竞争的方式承接的特殊交易活动。其中，工程是指建设工程，包括建筑物和构筑物的新建、改建、扩建及其有关的装修、拆除、修缮等；与工程建设有关的货物是指为实现工程基本功能所需的设备、材料等；与工程建设有关的服务是指为完成工程所需的勘察、设计、监理等服务。

建设工程招投标的特殊性主要表现在两个方面：一是进行买卖的商品是未来的，且尚未开价；二是这种买卖活动需要经过一系列特定的环节，即招标、投标、开标、评标、定标、签约和履约等。

（二）建设工程招投标的分类

建设工程招投标按照不同的标准可以分成不同的类别，具体内容如图 1-1 所示。

图 1-1　建设工程招投标的分类

（三）建设工程招投标的特性

建设工程招投标的特性主要体现在有序竞争、程序规范、双方一次成交三个方面。

1．有序竞争

建设工程招投标通过有序竞争实现优胜劣汰，优化资源配置，从而提高社会效益和经济效益。建设工程招投标的有序竞争是其最基本的特性，也是社会主义市场经济的本质要求。

2．程序规范

根据国际惯例和目前各国做法，招投标程序和条件由招标机构率先拟定，在招投标双方之间具有法律效力，一般不能随意改变。招投标双方必须严格按照既定程序和条件进行招投标活动。招投标程序由固定的招标机构组织实施。

3．双方一次成交

一般来讲，交易往往在进行多次谈判之后才能成交，建设工程招投标则不同，招投标双方应一次成交，禁止招投标双方面对面讨价还价。交易主动权掌握在招标人手中，投标人只能应邀进行一次性报价，并以合理的价格定标。

（四）建设工程招投标的基本原则

《中华人民共和国招标投标法》第五条规定，招标投标活动应当遵循公开、公平、公正和诚实信用的原则。

1．公开原则

公开原则是指建设工程招投标活动应有较高的透明度。公开原则要贯穿整个招投标过程，具体表现为建设工程招投标的信息公开、条件公开、过程公开和结果公开。公开原则的意义是使每个投标人都能获得同等的信息，知悉招标的一切条件和要求。

2．公平原则

公平原则要求招标人在建设工程招投标活动中平等地对待每个投标人，使其享有同等的权利并履行相应的义务，不得对不同的投标人采用不同的标准。公平原则还要求招标人不得以不合理的条件限制或排斥潜在投标人，不得对潜在投标人实行歧视待遇。

3．公正原则

公正原则即程序合法、标准公正。招标人应当按照招标文件事先确定的招标、投标、开标的程序和法定时限进行招标，评标委员会应当按照招标文件确定的评标标准和方法，对投标文件进行评审和比较，招标文件中没有规定的标准和方法不得作为评标和定标的依据。

4．诚实信用原则

诚实信用原则是指建设工程招投标双方应以诚实、守信的态度行使权利、履行义务，以保护双方的利益。诚实是指真实合法，不可用歪曲或隐瞒真实情况的手段去欺骗对方。不诚实的行为会导致合同无效，且应当对由此造成的损失承担责任。信用是指遵守承诺，履行合约，不弄虚作假，不损害国家、集体和他人的利益。

投标"零成本"，守信换"真金"

"投标不花钱，这对我们企业来说真是件大好事。"近日，成功中标"某市防汛抗旱救灾市级直属物资储备库工程"项目后，中标公司负责人王先生为这次"不花钱"的投标点赞。

在此次招投标中，该市公共资源交易中心实行的全流程电子化和"不见面开标"等举措，实现了投标企业纸质标书工本费、投标文件制作费、交通费等费用"零支出"。

"这次投标我们免缴了50万元投标保证金，中标后还能免缴40多万元履约保证金，极大保障了企业现金流。"王先生表示，公司属于信用评级良好企业，在此次招投标中享受到了"信用红利"，提交"信用承诺函"后，投标保证金、履约保证金均可免缴。

近年来，该市在房屋建筑、市政施工项目中创新推出"信用保函"制度，对在该市公共资源交易平台信用分排在前15名的建筑施工企业，允许以自身信用作为缴纳投标保证金的担保，参与投标时不需要缴纳保证金。

目前，该市进一步升级该项措施，信用分45分及以上、近一年未被公共资源交易监管部门记录不良行为的建筑施工企业，参与建设工程项目投标时可免缴投标保证金。平台信用分排在前20名的中标企业，在签订合同时可在出具"信用承诺函"后免缴履约保证金；排在第21名至第50名的中标企业，需要缴纳中标合同金额的2%作为履约保证金，其中1%可以用"信用承诺函"替代。此举能直接释放企业现金流，而且与开具银行保函的方式相比，每年可为企业节约费用约2000万元，受到了企业欢迎，同时，此举也有效引导了企业强化守信意识。

（资料来源：刘洋、孙照柱，《投标"零成本"守信换"真金"》，

安徽新闻网，2022年9月5日）

（五）建设工程招投标的程序

建设工程招投标的程序可以分为招标、投标、开标、评标、定标、订立合同等阶段。

1．招标阶段

招标阶段是招标人采用招标公告或邀请书的形式，向公众发出投标邀请的阶段。该阶段的主要工作包括以下几点。

（1）履行审批手续，落实资金来源。

（2）确定招标方式。自行招标的，建立招标机构；代理招标的，确定代理机构。

（3）编制资格预审文件和招标文件。

（4）发布资格预审公告。

（5）对潜在投标人进行资格预审。

（6）发放招标文件和有关资料。

（7）组织潜在投标人踏勘项目现场或召开投标预备会。

2．投标阶段

投标阶段是投标人按照招标文件的要求，响应招标文件的阶段。该阶段的主要工作包括以下几点。

（1）获取招标文件。

（2）按照招标文件要求编制投标文件。

（3）按照规定时间将投标文件递交至指定地点。

3．开标阶段

开标阶段是在预定时间和地点，当众启封标书，宣读标书主要内容的阶段。开标前，招标人或代理机构应当确定评标委员会成员。开标时，要检验投标文件密封情况，确认无误后，工作人员应当众拆封，公开标书内容。开标过程应当记录，并存档备查。

4．评标阶段

评标阶段是评标委员会按照招标文件的要求，对投标文件进行评审和比较的阶段。

5．定标阶段

定标阶段又称为中标阶段，是招标人根据评标委员会提出的书面评标报告和推荐的中标候选人确定中标人的阶段。中标人确定后，招标人应当向中标人发出中标通知书，并同时将中标结果通知所有未中标的投标人。

6．订立合同阶段

订立合同阶段是招标人和中标人按照招标文件，双方订立书面合同的阶段。该阶段旨在以书面方式确认招投标文件，明确双方的权利与义务。招标人和中标人不得再行订立背离合同实质性内容的其他协议。

二、建设工程招投标的有关法律法规

（一）我国招投标法律体系的构成

我国招投标法律体系由现行的与招投标有关的法律、法规、规章和行政规范性文件等构成。

1．法律

法律由全国人民代表大会及其常务委员会制定，以国家主席令发布，具有高于行政法规和部门规章的效力。常见的与建设工程招投标有关的法律有《中华人民共和国民法典》（简称《民法典》）、《中华人民共和国招标投标法》（简称《招标投标法》）、《中华人民共和国政府采购法》（简称《政府采购法》）、《中华人民共和国建筑法》（简称《建筑法》）等。

2．法规

法规是国家行政机关制定的规范性文件的总称。根据制定机关的不同，法规可以分为行政法规和地方性法规。

（1）行政法规：由我国最高国家行政机关——中华人民共和国国务院（简称国务院）制定和颁布。行政法规一般以条例、规定、办法、实施细则等命名，常见的与建设工程招投标有关的行政法规有《中华人民共和国招标投标法实施条例》（简称《招标投标法实施条例》）、《中华人民共和国政府采购法实施条例》（简称《政府采购法实施条例》）等。

（2）地方性法规：由省、自治区、直辖市及较大的市的人民代表大会及其常务委员会制定和颁布，在不与宪法、法律、行政法规相抵触的前提下，在本地区具有法律效力。地方性法规一般以条例、实施办法等命名，如《北京市招标投标条例》《深圳经济特区政府采购条例》等。

3．规章

规章是由国家行政机关制定的规范性文件。根据制定机关的不同，规章可以分为部门规章和地方政府规章。

（1）部门规章：由国务院各部、委、局和具有行政管理职能的直属机构制定和颁布。部门规章一般以办法、规定等命名，如《建筑工程设计招标投标管理办法》（建设部令第82号）、《评标委员会和评标方法暂行规定》（七部委令第12号）等。

（2）地方政府规章：由省、自治区、直辖市、省政府所在地的市、经国务院批准的主要城市制定和颁布。地方政府规章一般以规定、办法等命名，如《北京市建设工程招标投标监督管理规定》《天津市建设工程招标投标监督管理规定》等。

4．行政规范性文件

行政规范性文件是指行政公署、省辖市人民政府、县（市、区）人民政府，以及各级政府所属部门，根据法律、法规、规章的授权和上级政府的决定和命令，依照法定权限和程序制定，以规范形式表达，在一定时间内相对稳定并在本地区和本部门普遍适用的各种决定、办法、规定、规则、实施细则的总称，如《秀山县推进全流程电子招标投标工作的实施方案》（秀山府办发〔2021〕22号）、《外郎乡限额以下工程招标及工程建设监督管理办法》（外郎委发〔2020〕11号）等。

（二）我国招投标法律体系的效力层级

我国建设工程领域引入招投标制度后，为适应自身建设工程的特点和需要，发布了一系列招投标方面的法律法规。在执行招投标有关的法律法规时，应注意效力层级。

1．纵向效力层级

在我国法律体系中，宪法具有最高的法律效力，之后依次是法律、行政法规、部门规章、地方性法规、地方政府规章、行政规范性文件。在招投标法律体系中，《招标投标法》是招投标领域的基本法律，其他有关行政法规、部门规章、地方性法规、地方政府规章、行政规范性文件都不得同《招标投标法》相抵触。国务院各部委制定的部门规章之间具有同等法律效力，在各自权限范围内施行。省、自治区、直辖市的人大及其常委会制定的地方性法规的效力层级高于当地政府制定的规章。

特别提示

使用政府财政性资金的采购活动在采用招标方式时，不仅要遵守《招标投标法》规定的基本原则和程序，还要遵守《政府采购法》及其有关规定。政府采购工程进行招投标的，适用《招标投标法》。

2．横向效力层级

《中华人民共和国立法法》（简称《立法法》）第一百零三条规定，同一机关制定的法律、行政法规、地方性法规、自治条例和单行条例、规章，特别规定与一般规定不一致的，适用特别规定。换而言之，就是同一机关制定的特别规定的效力层级应高于一般规定；同一层级的招投标法律规范中，特别规定与一般规定不一致的应当采用特别规定。

3．时间序列效力层级

《立法法》第一百零三条规定，同一机关制定的法律、行政法规、地方性法规、自治条例和单行条例、规章，新的规定与旧的规定不一致的，适用新的规定。也就是说，从时间序列来看，同一机关新规定的效力高于旧规定。在招投标活动中，要按照"新法优于旧法"的原则，执行新规定。

特别提示

我国法律体系原则上是统一、协调的，但由于立法机关比较多，如果立法部门之间缺乏必要的沟通与协调，难免会出现一些规定不一致的情况。在招投标活动中，遇到此类特殊情况时，依据《立法法》的有关规定，应当按照以下原则处理。

（1）法律之间对同一事项的新的一般规定与旧的特别规定不一致，不能确定如何适用时，由全国人民代表大会常务委员会裁决。

（2）行政法规之间对同一事项的新的一般规定与旧的特别规定不一致，不能确定如何适用时，由国务院裁决。

（3）地方性法规与部门规章之间对同一事项的规定不一致，不能确定如何适用时，由国务院提出意见，国务院认为应当适用地方性法规的，应当决定在该地方适用地方性法规的规定；认为应当适用部门规章的，应当提请全国人民代表大会常务委员会裁决。

（4）部门规章之间、部门规章与地方政府规章之间对同一事项的规定不一致时，由国务院裁决。

三、建设工程发承包

建设工程发承包是根据协议，作为交易一方的承包人（建筑施工企业），负责为交易另一方的发包人（建设单位），完成某项工程的全部或其中一部分工作，并按一定价格取得相应报酬的交易行为。建设工程依法实行招标发包，对于不适宜招标发包的可以直接发包。下面主要介绍直接发包和招标发包两种建设工程发承包方式。

（一）直接发包

直接发包是指由发包人直接选定承包人，与其进行协商谈判，对工程建设达成一致协议后签订建筑工程承包合同的发包方式。直接发包简便易行，节省发包费用，但缺乏竞争机制，容易滋生腐败。常见的适用于直接发包的工程项目有以下两种类型。

（1）工程项目本身的性质不适宜进行招标发包，如一些保密工程或有特殊专业要求的房屋建筑工程等。

（2）从建设工程的投资主体上来看，对于私人投资建设的工程项目采用何种发包方式，法律一般没有必要加以限制，投资人可以自行选择。

特别提示

无论选择何种发包方式，发包人都应将建设工程发包给具有相应资质条件的承包人。

（二）招标发包

招标发包是指由三家以上建筑施工企业进行承包竞争，发包人择优选定建筑施工企业，并与其签订建筑工程承包合同的发包方式。

招标发包按照发承包的范围不同，可以分为工程总承包、阶段承包和专项承包三种方式。

（1）工程总承包，即建设全过程发承包，又称为统包，是指从事工程总承包的企业受发包人委托，按照合同约定对工程项目的勘察、设计、采购、施工、材料与设备供应等一系列工作实行全过程的承包。工程总承包企业对承包工程的质量、安全、工期、造价全面负责。其他各承包企业只与总承包企业发生直接关系，不与发包人发生直接关系。

（2）阶段承包是指发包人和承包人就建设过程中某一阶段或某些阶段的工作进行发包和承包。例如，由设计单位承担勘察设计工作，由施工单位承担建筑施工工作，由设备安装公司承担设备安装任务。阶段承包按照发承包具体内容的不同，可以细分为包工包料、包工部分包料和包工不包料三种方式。

- ➤ 包工包料：承包人负责提供工程施工过程中所需的全部人工和全部材料，并负责承包工程的施工进度、质量和安全。
- ➤ 包工部分包料：承包人负责提供施工过程中的全部人工和一部分材料，并负责承包工程的施工进度、质量和安全。
- ➤ 包工不包料：又称为包清工，实质上是劳务承包，即承包人只负责提供劳务而不承担任何材料供应的义务。

特别提示

采用包工包料的方式，便于调剂余缺，合理组织供应，加快建设速度，促进施工单位加强管理、精打细算、厉行节约，从而减少损失和浪费；同时也有利于材料的合理使用，降低工程造价，减轻发包人的负担。

（3）专项承包是指发包人和承包人就某建设阶段中的一个或几个专业性强的项目进行发包和承包。专项承包主要适用于建设准备阶段的设备选购和生产技术人员培训，以及勘察设计阶段的工程地质勘察、供水水源勘察等。

任务实施

通过本任务的学习，相信同学们已经知道了任务引入中问题的答案。

该案例中，张某的做法是正确的；王某的做法是错误的，因为挂靠投标不仅违反了诚实信用原则，而且不符合法律规定。建设工程招投标活动应当遵循公开、公平、公正和诚实信用的原则。

任务二 认识建筑市场

任务引入

某学校拟新建教学楼和实验楼，目前该项目已经获得有关部门批准，并且资金已落实。新建项目总建筑面积约 8 000 m^2，预计总投资 1 600 万元，工期 160 天。该项目以工程总承包的方式进行公开招标。经过激烈的竞争，甲建筑工程公司中标。

思考

（1）指出该项目的发包人和承包人。

（2）对参与该项目建设的承包人有哪些要求？

（3）该项目完成交易的场所和流程是什么？

建筑市场是指以建筑产品发承包交易活动为主要内容的市场，一般又称为建设市场或建筑工程市场。建筑市场可以分为广义的建筑市场和狭义的建筑市场。广义的建筑市场是指建筑产品供求关系的总和，除以建筑产品为交易内容之外，还包括与建筑产品的生产和交易有关的勘察设计、劳动力需求、生产资料、资金和技术服务市场等。狭义的建筑市场是指以建筑产品为交易内容的场所。

一、建筑市场的特点

建筑市场不同于其他产品市场，建筑市场的主要商品是建筑产品，它是一种特殊的商品。建筑市场的特点主要包括以下几个方面。

（一）建筑市场交易的直接性

在一般商品市场中，由于交易的产品具有间接性、可替换性和可移动性，生产者可以预先进行生产，然后通过批发、零售环节使产品进入市场。然而，建筑市场与一般商品市场不同。在建筑市场中，由于建筑产品的特殊性，建筑施工企业只能按照建设单位的具体要求，在指定的地点为其建造某种特定的建筑产品。因此，建筑市场交易是预先订货式的交易，先成交，后生产，并由建设单位和建筑施工企业直接沟通交流完成。

（二）建筑市场交易的特殊性

建筑市场交易的特殊性主要表现在以下几个方面。

（1）交易对象的单件性。由于建设单位对建筑产品的用途、性能要求不同，以及建设地点的差异，使建筑产品不能批量生产，因而建筑产品在建筑市场交易中没有挑选的机会，只能单件交易。

（2）交易对象的整体性和分部分项工程的相对独立性。无论是住宅小区，还是配套齐全的工厂，都是不可分割的整体，所以建筑市场的交易对象具有整体性。然而，在施工的过程中，需要进行分部分项工程验收和质量评定，并分期拨付工程进度款，因而在建筑市场交易中，分部分项工程具有相对独立性。

（3）交易价格的特殊性。建筑产品的单件性要求其单独定价，且定价形式多样，如单价制、总价制等。由于建筑产品的价值巨大，少则数十万元，多则上百亿元，因此结付方式多样，如预付制、按月结算、竣工后一次性结算等。

（4）交易活动的不可逆性。建筑产品一旦进入生产阶段，其产品不可能退换，也难以重新建造，否则双方都将承受极大的损失。因此，建筑市场交易活动具有不可逆性。

（三）建筑市场竞争的激烈性

在建筑市场中，由于建筑业生产要素的集中程度比较低，因此建筑施工企业之间的竞争较为激烈。此外，由于建筑产品具有不可替代性，因此建筑施工企业基本上是被动地去适应建设单位的要求，建设单位相对而言处于主导地位，甚至处于垄断地位，这也加剧了建筑市场竞争的激烈程度。

（四）建筑市场的高风险性

建筑市场不仅对建筑施工企业有风险，对建设单位也有风险。从建筑施工企业的角度来看，建筑市场的风险主要表现在定价风险、建筑产品生产周期风险、建设单位支付能力风险三个方面。从建设单位的角度来看，建筑市场的风险主要表现在价格与质量的矛盾、价格与交货时间的矛盾、预付工程款的风险三个方面。

特别提示

价格与交货时间的矛盾是指，如果建设单位对建筑产品生产周期中的不确定因素估计不足，那么提出的交货时间有可能不现实。而建筑施工企业为达成交易，也会接受这一不公平条件，但会有相应的对策，如抓住建设单位未能完全履行合同义务的漏洞，竭力将合同条件变得有利于自己。

二、建筑市场的主体和客体

我国建筑市场经过多年的发展，已形成由建筑市场的主体和建筑市场的客体共同构成的完整建筑市场体系，如图 1-2 所示。

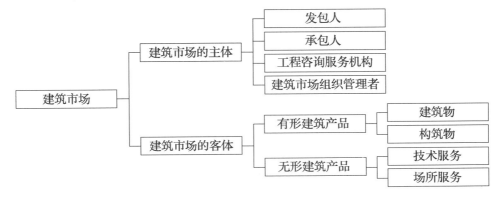

图 1-2　建筑市场体系

（一）建筑市场的主体

建筑市场的主体是指参与建筑产品生产交易过程的各方。我国建筑市场的主体主要有发包人、承包人、工程咨询服务机构、建筑市场组织管理者等。

1. 发包人

发包人是指具有工程发包主体资格和支付工程价款能力的当事人，以及取得该当事人资格的合法继承人，有时又称为发包单位、建设单位、业主、项目法人等。发包人既具有某项工程建设的需求，又具有该项工程建设相应的建设资金和各种准建手续，在建筑市场中承担发包工程项目的咨询、勘察、设计、施工、监理等任务，并最终得到建筑产品。

发包人可以是具备法人资格的国家机关、事业单位、企业法人和社会团体，也可以是依法登记的个体经营户及其他具有民事行为能力的自然人，或不具备法人资格的其他组织。

在我国工程建设中，发包人只有在发包工程或组织工程建设时才会成为建筑市场的主体。因此，发包人作为建筑市场的主体具有不确定性。为了规范发包人的行为并适应市场经济体制，我国提出了项目法人责任制。项目法人责任制即由项目法人对项目建设过程负责管理，管理内容主要包括进度管理、质量管理、投资管理、合同管理和组织协调等。

2. 承包人

承包人是指既具有一定生产能力、技术装备、流动资金，又具有承包建设工程任务的营业资格，而且能够按照发包人的要求提供不同形态的建筑产品，并获得工程价款的建筑企业，有时又称为承包单位、施工企业、施工人等。承包人作为建筑市场的主体，是长期和持续存在的。因此，国内外对承包人一般都实行从业资格管理制度。

承包人按照不同的标准可以分成不同的类别，具体如图 1-3 所示。

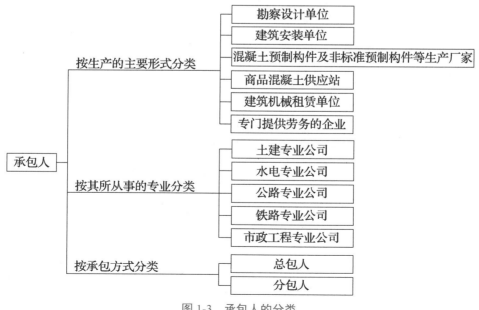

图 1-3　承包人的分类

特别提示

承包人从事建设生产，一般需要具备以下4个方面的条件。

（1）具有符合国家规定的注册资金。

（2）具有与其资质等级相适应且取得注册执业资格的专业技术和管理人员。

（3）具有从事相应建筑活动所需的技术装备。

（4）资格审查合格，取得相应的资质证书和营业执照。

3．工程咨询服务机构

工程咨询服务机构是指具有一定数量的注册资金和工程技术人员，取得工程咨询资质和营业执照，能为工程建设提供估算测量、管理咨询、建设监理等智力型服务，并获得相应报酬的企业。

笔记

工程咨询服务机构可以开展勘察设计、招标代理、工程造价咨询、工程监理、工程管理等多种业务，这类企业主要向建设单位提供咨询与管理服务，弥补建设单位对工程建设过程不熟悉的缺陷。在我国，目前数量较多并有明确资质标准的是工程勘察设计院、工程设计院、工程监理公司等。

工程咨询服务机构虽然不是工程发承包的当事人，但其受发包人聘用，作为项目技术咨询单位，对项目的实施具有相当重要的作用。

4．建筑市场组织管理者

我国建筑市场组织管理者主要是中华人民共和国住房和城乡建设部。例如，住房和城乡建设部建筑市场监管司负责拟订规范建筑市场各方主体行为、房屋和市政工程项目招投标、施工许可、建设监理、合同管理、工程风险管理的规章制度并监督执行；同时负责拟订建筑业行业发展政策、规章制度并监督执行等。省市各级人民政府建设行政主管部门，在住房和城乡建设部的领导下开展本地区的建筑市场管理工作。

（二）建筑市场的客体

建筑市场的客体是建筑产品，包括有形建筑产品和无形建筑产品。建筑产品作为建筑市场的交易对象，在不同的生产交易阶段，表现为不同的形态：可以是勘察设计单位提供的勘察方案、设计报告、设计图纸；也可以是工程咨询服务机构提供的咨询报告、咨询意见或其他服务；还可以是承包人生产的各类建筑物和构筑物。

三、建筑市场的资质管理

建筑活动的专业性和技术性都很强，而且建设工程投资大、周期长，一旦发生问题，将给社会和人民的生命财产安全造成极大的损失。因此，为保证建设工程的质量和安全符合我国有关法律法规的规定，应对从事建设活动的单位和专业技术人员实行从业资格管理，即资质管理。建筑市场的资质管理分为对从业企业的资质管理和对专业人士的资质管理两类。

（一）对从业企业的资质管理

对从业企业的资质管理主要是指对从事建筑活动的工程勘察设计企业、建筑业企业、工程咨询服务企业等进行资质管理。

1. 对工程勘察设计企业的资质管理

从事工程勘察、工程设计的企业，应当按照其拥有的注册资本、专业技术人员、技术装备和勘察设计业绩等条件申请资质，经审查合格，取得建设工程勘察、工程设计资质证书后，方可在资质许可的范围内从事建设工程勘察、工程设计活动。根据《工程勘察资质标准》和《工程设计资质标准》，工程勘察、工程设计企业的资质等级与业务范围如表 1-4 所示。

表 1-4　工程勘察、工程设计企业的资质等级与业务范围

企业类别	资质分类	等级	业务范围
工程勘察企业	综合资质	甲级	可以承担各类建设工程项目的岩土工程勘察、水文地质勘察、工程测量业务（海洋工程勘察除外），其规模不受限制（岩土工程勘察丙级项目除外）
	专业资质	甲级	可以承担本专业资质范围内各类建设工程项目的工程勘察业务，其规模不受限制
		乙级	可以承担本专业资质范围内各类建设工程项目乙级及以下规模的工程勘察业务
		丙级	可以承担本专业资质范围内各类建设工程项目丙级规模的工程勘察业务
	劳务资质	不分等级	可以承担相应的工程钻探、凿井等工程勘察劳务业务
工程设计企业	综合资质	甲级	可以承担各行业建设工程项目的设计业务，其规模不受限制；但在承接工程项目设计时，应满足本标准中与该工程项目对应的设计类型对人员配置的要求；可以承担其取得的施工总承包（施工专业承包）一级资质证书许可范围内的工程施工总承包（施工专业承包）业务

（续表）

企业类别	资质分类	等级	业务范围
工程设计企业	行业资质	甲级	可以承担本行业建设工程项目主体工程及其配套工程的设计业务，其规模不受限制
		乙级	可以承担本行业中、小型建设工程项目的主体工程及其配套工程的设计业务
		丙级	可以承担本行业小型建设项目的工程设计业务
	专业资质	甲级	可以承担本专业建设工程项目主体工程及其配套工程的设计业务，其规模不受限制
		乙级	可以承担本专业中、小型建设工程项目的主体工程及其配套工程的设计业务
		丙级	可以承担本专业小型建设项目的工程设计业务
		丁级	可以承担本专业（限建筑工程设计）建设项目的工程设计业务，具体规定见《工程设计资质标准》
	专项资质	根据需要设置等级	可以承担规定专项工程的设计业务，具体规定见有关专项设计资质标准

特别提示

　　申请工程勘察企业甲级资质、工程设计企业甲级资质，以及涉及交通、水利、信息产业等方面的工程设计企业乙级资质的，应当向企业工商注册所在地的省、自治区、直辖市人民政府建设主管部门提出申请。其中，国务院国有资产监督管理委员会（简称国务院国资委）管理的企业应当向中华人民共和国住房和城乡建设部提出申请；国务院国资委管理的企业下属一层级的企业申请资质的，应当由国务院国资委管理的企业向中华人民共和国住房和城乡建设部提出申请。

　　工程勘察企业乙级及以下资质、劳务资质、工程设计企业乙级（涉及交通、水利、信息产业等方面的工程设计企业乙级资质除外）及以下的资质许可，由省、自治区、直辖市人民政府建设主管部门实施。具体实施程序由省、自治区、直辖市人民政府建设主管部门依法确定。

　　2. 对建筑业企业的资质管理

　　建筑业企业是指从事土木工程、建筑工程、线路管道及设备安装工程，以及有关工程的新建、扩建、改建活动的企业。我国建筑业企业分为施工总承包企业、专业承包企业和施工劳务企业三类。

　　根据《建筑业企业资质标准》，建筑业企业的资质等级与业务范围如表 1-5 所示。

表 1-5 建筑业企业的资质等级与业务范围

企业类别	等级	业务范围
施工总承包企业（12 类，以建筑工程施工总承包为例）	一级	可以承担单项合同额 3 000 万元以上的下列建筑工程的施工： （1）高度 200 m 以下的工业、民用建筑工程 （2）高度 240 m 以下的构筑物工程
	二级	可以承担下列建筑工程的施工： （1）高度 100 m 以下的工业、民用建筑工程 （2）高度 120 m 以下的构筑物工程 （3）建筑面积 40 000 m² 以下的单体工业、民用建筑工程 （4）单跨跨度 39 m 以下的建筑工程
	三级	可以承担下列建筑工程的施工： （1）高度 50 m 以下的工业、民用建筑工程 （2）高度 70 m 以下的构筑物工程 （3）建筑面积 12 000 m² 以下的单体工业、民用建筑工程 （4）单跨跨度 27 m 以下的建筑工程
专业承包企业（36 类，以钢结构工程专业承包为例）	一级	可以承担下列钢结构工程的施工： （1）钢结构高度 60 m 以上 （2）钢结构单跨跨度 30 m 以上 （3）网壳、网架结构短边边跨跨度 50 m 以上 （4）单体钢结构工程钢结构总重量 4 000 t 以上 （5）单体建筑面积 30 000 m² 以上
	二级	可以承担下列钢结构工程的施工： （1）钢结构高度 100 m 以下 （2）钢结构单跨跨度 36 m 以下 （3）网壳、网架结构短边边跨跨度 75 m 以下 （4）单体钢结构工程钢结构总重量 6 000 t 以下 （5）单体建筑面积 35 000 m² 以下
	三级	可以承担下列钢结构工程的施工： （1）钢结构高度 60 m 以下 （2）钢结构单跨跨度 30 m 以下 （3）网壳、网架结构短边边跨跨度 33 m 以下 （4）单体钢结构工程钢结构总重量 3 000 t 以下 （5）单体建筑面积 15 000 m² 以下
施工劳务企业	不分等级	可以承担各类施工劳务作业

特别提示

　　单项合同额 3 000 万元以下且超出建筑工程施工总承包企业二级资质承包工程范围的建筑工程施工，应由具有一级资质的施工总承包企业承担。

　　3．对工程咨询服务企业的资质管理

　　为了规范建筑市场，我国对工程咨询服务企业也实行资质管理。下面以工程监理企业为例介绍对工程咨询服务企业的资质管理。工程监理企业资质分为综合资质、专业资质和事务所资质三类。根据《工程监理企业资质管理规定》（建设部令第 158 号），工程监理企业的资质等级与业务范围如表 1-6 所示。

表 1-6　工程监理企业的资质等级与业务范围

企业类别	资质分类	等级	业务范围
工程监理企业	综合资质	不分等级	可以承担所有专业工程类别建设工程项目的工程监理业务
	专业资质	甲级	可以承担相应专业工程类别建设工程项目的工程监理业务
		乙级	可以承担相应专业工程类别二级以下（含二级）建设工程项目的工程监理业务
		丙级	可以承担相应专业工程类别三级建设工程项目的工程监理业务（房屋建筑、水利水电、公路和市政公用专业资质可设立丙级）
	事务所资质	不分等级	可以承担三级建设工程项目的工程监理业务，但是，国家规定必须实行强制监理的工程除外

特别提示

除工程监理企业外，工程造价咨询企业也曾有明确的资质等级评定条件，但是自 2021 年 7 月 1 日起，中华人民共和国住房和城乡建设部停止了工程造价咨询企业资质审批，规定工程造价咨询企业按照其营业执照经营范围开展业务，行政机关、企事业单位、行业组织不得要求企业提供工程造价咨询企业资质证明。

（二）对专业人士的资质管理

建筑市场中，获得执业资格并从事工程技术及管理工作的专业工程师被称为专业人士。尽管建筑行业有完善的建筑法规，但如果没有专业人士的知识与技能的支持，政府也难以对建筑市场进行有效的管理。专业人士的工作水平对工程项目建设的成败具有重要的影响，因此需要对专业人士进行资质管理。

工程建设专业技术人员执业资格报考条件

近年来，我国对建筑行业专业人士的管理逐步趋于完善。目前，我国建筑行业专业技术人员职业资格的种类有建造师、造价工程师、监理工程师、建筑师、工程咨询师等。下面以注册建造师为例，介绍申请初始注册时应当具备的条件。

（1）经考核认定或考试合格取得中华人民共和国建造师资格证书。

（2）受聘且只受聘于一个工程建设有关单位。

（3）达到继续教育要求。

（4）申请人有下列情形之一的，不予注册。

① 不具有完全民事行为能力的。

② 受聘于两个或两个以上单位的。

③ 未达到注册建造师继续教育要求的。

④ 受到刑事处罚，刑事处罚尚未执行完毕的。

⑤ 因执业活动受到刑事处罚，自刑事处罚执行完毕之日起至申请注册之日止不满 5 年的。

⑥ 因前项规定以外的原因受到刑事处罚，自刑事处罚决定之日起至申请注册之日止不满 3 年的。

⑦ 被吊销注册证书，自处罚决定之日起至申请注册之日止不满 2 年的。

⑧ 在申请注册之日前 3 年内担任项目负责人、项目技术负责人期间，所负责项目发生过较大以上质量和安全事故的。

⑨ 行政许可机关依法给出决定前年龄超过 65 周岁的。

⑩ 法律、法规规定不予注册的其他情形。

四、建设工程交易中心

建设工程从投资性质上可以分为国有投资项目和私人投资项目。我国是以社会主义公有制为主体的国家，国有投资在社会投资中占主导地位。为了解决国有投资项目交易透明度的问题，同时加强对建筑市场的管理，我国出现了建设工程交易中心。

（一）建设工程交易中心的性质与作用

1．建设工程交易中心的性质

建设工程交易中心是经政府主管部门批准的，为建设工程交易活动提供咨询服务的机构。它不是政府管理部门，也不是政府授权的监督机构，本身并不具备管理监督职能。

建设工程交易中心与一般意义上的服务机构不同，其建立需要经政府主管部门批准，并非任何单位或个人都可以随意成立；建设工程交易中心是自收自支的事业性单位，不以营利为目的。

2．建设工程交易中心的作用

按照我国有关规定，对于国有投资项目，必须在建设工程交易中心内报建、发布招标信息、进行招投标活动、授予合同、申领施工许可证，并接受政府有关管理部门的监督。建设工程交易中心的设立，有力地促进了工程招投标制度的推行，从源头上遏制了建设领域的违法违规行为。

（二）建设工程交易中心的基本功能

我国建设工程交易中心的基本功能包括信息服务功能、场所服务功能和集中办公功能。

1. 信息服务功能

建设工程交易中心设置有信息收集、存储和发布的平台，可以及时发布招投标信息、政策法规信息、材料与设备价格信息、企业信息等，为建设工程交易活动的各方提供信息咨询服务。

2. 场所服务功能

建设工程交易中心为工程发承包交易双方的招标、投标、评标、定标、合同谈判等活动提供设施和场所。建设工程交易中心应具备信息发布大厅、洽谈室、开标室、会议室及有关设施，以满足发包人、承包人、材料与设备供应商等各方之间的交易需要。

3. 集中办公功能

建设工程交易中心一般在一个地方只有一个固定的办公场所，进驻建设工程交易中心的有关管理部门可以集中办公，建设工程交易活动的当事人可以在交易中心集中办理有关手续。这样不仅方便有关管理部门对建设工程交易活动实施有力监督，而且方便当事人办事，有利于提高办事效率。

（三）建设工程交易中心的运行原则

为了保证建设工程交易中心能够有良好的运行秩序，充分发挥其市场功能，建设工程交易中心在运行时需要坚持以下原则。

1. 信息公开原则

建设工程交易中心需要将收集和存储的信息及时发布，保证市场主体各方都能获得所需的信息资料。

2. 依法管理原则

建设工程交易中心应严格按照法律法规的规定开展工作，任何单位和个人不得非法干预交易活动的正常进行。监察机关应当对交易活动的全过程实施监督。

3. 公平竞争原则

公平竞争原则是市场运行的一项重要原则。进驻的有关管理部门应严格监督招投标双方当事人的行为，防止地方保护、垄断和不正当竞争。

4. 属地进入原则

按照我国有形建筑市场的管理规定，建设工程交易实行属地进入。每个城市原则上只能设立一个建设工程交易中心，特大城市可以根据需要，设立区域性分中心，在业务上受中心领导。

 特别提示

> 跨省级行政区的铁路、公路、水利等工程，可在政府有关管理部门的监督下，通过公告由建设单位组织招投标活动。

5. 办事公正原则

建设工程交易中心是经政府主管部门批准成立的服务机构，应配合进驻的有关管理部门做好工程交易活动的管理和服务工作。建设工程交易中心要建立监督制约机制，公开办事的规则和程序，制定完善的规章制度和工作人员守则。当发现工程交易活动中有违法违规行为时，应当向有关管理部门报告，并协助进行处理。

（四）建设工程交易中心运行的一般程序

建设项目进入建设工程交易中心后，按照规定的一般程序运行，如图 1-4 所示。

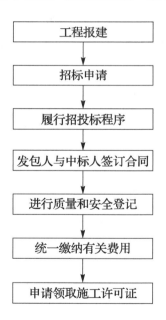

图 1-4 建设工程交易中心运行的一般程序

任务实施

通过本任务的学习，相信同学们已经知道了任务引入中问题的答案。

（1）该项目的发包人是学校，承包人是甲建筑工程公司。

（2）对参与该项目建设的承包人主要有以下两点要求。

① 承包人具备有效的建筑工程施工总承包企业三级及以上资质。

② 承包人具备有效的建筑施工企业安全生产许可证。

（3）该项目需要在该市建设工程交易中心完成交易，需要经过的流程主要包括工程报建、招标申请、履行招投标程序、发包人与中标人签订合同、进行质量和安全登记、统一缴纳有关费用、申请领取施工许可证。

📺 项目实训——调查所在城市建设工程招投标情况

1. 实训目的

通过调查所在城市建设工程招投标情况，让学生深入了解建设工程招投标的实际运作机制，增强学生对建设工程招投标有关知识的理解，培养学生团队协作能力和沟通协调能力，为将来从事有关领域的工作打下坚实基础。

2. 实训背景

随着城市化进程的加速和基础设施建设的不断推进，建设工程招投标成为建筑行业工作流程的核心环节。每个城市的建设工程招投标情况可以展示出该城市的发展方向和趋势，因此尤为引人关注。结合已学的建设工程招投标知识，对本市建设工程招投标情况进行深入调查。

3. 实训内容

指导教师要求学生以小组为单位，按照以下程序完成对本市建设工程招投标情况的调查。

（1）确定调查目的。了解本市建设工程招投标的基本程序，探究本市建设工程招投标中存在的问题，并研究如何提高本市建设工程招投标的公正性和透明度。

（2）搜集资料。搜集有关建设工程招投标的法律法规、政策文件、学术论文等资料，以了解建设工程招投标的程序、要求和标准等。

（3）制订调查计划。根据调查目的制订详细的调查计划，包括确定调查时间和地点、确定调查方法等。

（4）开展调查。在指导教师的带领下，全体学生共同实地参观本市建设工程交易中心，然后以小组为单位，结合参观所获得的信息和调查目的，进一步利用网络搜集招投标有关信息。

（5）信息整理和分析。对搜集到的信息进行整理和分析，梳理招标项目在实际建设工程招投标过程中的基本程序，分析本市近期招标项目信息，思考进一步提高本市建设工程招投标公正性和透明度的方法与措施。

（6）编写调查报告。根据分析结果编写调查报告。编写过程中要注意逻辑清晰、语言简洁。

（7）提交调查报告。将调查报告提交给指导教师，指导教师通过分析和比较各小组的调查报告进行点评。

项目思维导图

项目综合考核

1．填空题

（1）建设工程招投标是指建设单位或个人通过招标的方式，将_____及与工程建设有关的_____、_____等业务，一次或分步发包，由具有相应资质的承包单位通过投标竞争的方式承接的特殊交易活动。

（2）《中华人民共和国招标投标法》第五条规定，招标投标活动应当遵循_____、_____、_____和_____的原则。

（3）建设工程招投标的特性主要体现在_____、_____、_____三个方面。

（4）招标发包按照发承包的范围不同，可以分为_____、_____和_____三种方式。

（5）建筑市场是指以建筑产品发承包交易活动为主要内容的市场，一般又称为_____或_____。

（6）我国建筑市场的主体主要有_____、_____、_____、_____等。

（7）建筑市场的资质管理分为_____和_____两类。

（8）我国建筑业企业分为_____、_____和_____三类。

2．选择题

（1）在招投标法律体系中，（   ）是招投标领域的基本法律，其他有关行政法规、部门规章、地方性法规、地方政府规章、行政规范性文件都不得同其相抵触。

　　A.《政府采购法》　　　　　　　　B.《招标投标法》

　　C.《招标投标法实施条例》　　　　D.《立法法》

（2）建设工程交易中心是（   ）。

　　A. 政府管理部门　　　　　　　　B. 政府授权的监督机构

　　C. 具备管理监督职能的部门　　　D. 服务性机构

（3）根据《建筑业企业资质标准》，专业承包企业资质一般（　　）。

A．设一个等级　　B．不设等级　　C．设三个等级　　D．设两个等级

（4）建设工程招投标可分为工程勘察招投标、工程设计招投标、土建施工招投标、工程监理招投标等，这是按（　　）分类的。

A．工程建设程序　　　　　　　　B．业务性质

C．建设项目组成　　　　　　　　D．工程发承包范围

（5）建设工程交易中心的基本功能不包括（　　）。

A．场所服务功能　　　　　　　　B．信息服务功能

C．集中办公功能　　　　　　　　D．管理监督功能

（6）以下关于法律法规效力层级的说法错误的是（　　）。

A．宪法具有最高的法律效力，之后依次是法律、行政法规、部门规章、地方性法规、地方政府规章、行政规范性文件

B．同一机关制定的法律、行政法规、地方性法规、自治条例和单行条例、规章，特别规定与一般规定不一致的，适用特别规定

C．同一机关制定的法律、行政法规、地方性法规、自治条例和单行条例、规章，新的规定与旧的规定不一致的，适用新的规定

D．法律之间对同一事项的新的一般规定与旧的特别规定不一致，不能确定如何适用时，由国务院裁决

3．简答题

（1）简述建设工程招标阶段的主要工作。

（2）简述我国招投标法律体系的效力层级。

（3）什么是广义的建筑市场？

（4）简述建设工程交易中心的性质与作用。

（5）建设工程交易中心有哪些基本功能？

4．案例分析题

一家房地产开发公司计划在某个城市建一座包括购物中心、写字楼和酒店等的商业综合体。开发公司按照招标、投标、开标、评标、定标等建设工程招投标的程序，选择了A建筑公司，并与其订立了合同。A建筑公司按照要求完成了该项目的建设。开发公司和A建筑公司按照招投标的程序和条件完成了整个招投标活动，获得了有关部门的表彰。

问题：

（1）指出该项目的发包人和承包人。

（2）建设工程招投标的特性主要体现在哪些方面？

（3）该项目主要体现了建设工程招投标的哪个特性？简述该特性。

项目综合评价

指导教师根据学生实际学习成果进行评价，学生配合指导教师完成如表 1-7 所示的学习成果评价表。

表 1-7　学习成果评价表

班级		组号		日期		
姓名		学号		指导教师		
项目名称		建设工程招投标基础				
项目评价	评价内容				满分/分	评分/分
知识（40%）	掌握建设工程招投标的基础知识				8	
	熟悉建设工程招投标的有关法律法规				5	
	理解建设工程发承包的有关知识				8	
	熟悉建筑市场的特点				5	
	熟悉建筑市场的主体和客体				5	
	了解建筑市场资质管理的有关知识				4	
	熟悉建设工程交易中心的有关知识				5	
技能（40%）	能够运用招投标的有关法律法规分析工程案例				10	
	能够正确选择不同工程案例的发承包方式				10	
	能够正确分析工程案例中建筑市场的主体和客体				10	
	能够正确分析不同工程案例对企业资质的要求				10	
素养（20%）	积极参加教学活动，主动学习、思考、讨论				5	
	逻辑清晰，准确理解和分析问题				5	
	认真负责，按时完成学习、实践任务				5	
	团结协作，与组员之间密切配合				5	
合计					100	
自我评价						
指导教师评价						

项目二

建设工程招标

项目导读

建设工程招标是建设工程招投标活动的重要组成部分。由于在工程项目实施过程中，建设单位以招标的方式选择承包单位，因此建设工程招标也是建设单位寻找合作伙伴的重要途径。

本项目主要介绍建设工程招标的基础知识、招标文件的编制，以及招标标底与招标控制价的编制等有关知识。

项目要求

▶▶ 知识目标

（1）理解建设工程招标的条件与组织形式。

（2）熟悉建设工程招标的方式与范围。

（3）掌握建设工程招标的程序。

（4）熟悉建设工程招标的资格审查。

（5）熟悉招标文件的主要内容。

（6）理解招标标底与招标控制价的编制方法。

▶▶ 技能目标

（1）能够根据建设工程项目特点，选定招标方式。

（2）能够编制招标文件。

▶▶ 素质目标

（1）培养团队意识，增强团队凝聚力。

（2）养成脚踏实地、认真负责的职业素养。

项目工单

1. 项目描述

本项目以学生小组共同分析招标文件的形式，引导学生对本项目的知识内容进行课前预习、课堂学习及课后巩固，从而帮助学生更好地理解和掌握建设工程招标的有关知识。指导教师需要准备一份完整的招标文件，并指导学生以小组为单位分析该招标文件的主要内容及其关键信息。

2. 小组分工

以 3～5 人为一组，选出组长并进行分工，将小组成员及分工情况填入表 2-1 中。

表 2-1   小组成员及分工情况

班级：   组号：   指导教师：

小组成员	姓名	学号	分工
组长			
组员			

3. 小组讨论

在开展活动前，请各组组长组织组员学习有关资料，讨论下列引导问题。

引导问题 1：建设工程招标应具备哪些条件？

引导问题 2：建设工程公开招标的程序是什么？

引导问题 3：建设工程招标文件的主要内容有哪些？

引导问题 4：什么是标底？每个招标项目都需要设置标底吗？

4. 制订计划

根据小组分工，每人制订一份学习计划，并在组内进行阐述。组员之间进行提问与答疑，选出最佳的学习计划，并将其填写在表 2-2 中。

表 2-2　学习计划

序号	学习内容	负责人
1		
2		
3		
4		
5		
6		

5. 学习记录

按照本组选出的最佳学习计划进行有关知识的学习，并对指导教师准备的招标文件进行分析，将其主要内容的关键信息和分析过程中遇到的问题及其解决方法记录在表 2-3 中。

表 2-3　学习记录表

班级：　　　　　　　　　　组号：

序号	招标文件的主要内容	关键信息	分析过程中遇到的问题及其解决方法
1	招标公告或投标邀请书		
2	投标人须知		
3	评标办法		
4	合同条款及格式		
5	工程量清单		
6	图纸		
7	技术标准和要求		
8	投标文件格式		

任务一 认识建设工程招标

 任务引入

　　某建设单位拟在 A 市建一座新型悬索桥，该项目已获得有关主管部门批准。建设单位组织该项目全过程总承包的公开招标工作时，确定如下招标程序：① 进行工程建设项目报建；② 成立该项目招标领导机构；③ 委托招标代理机构代理招标；④ 编制招标用文件；⑤ 发出投标邀请书；⑥ 对投标人进行资格预审，并将资格预审结果通知合格的申请人；⑦ 向所有获得投标资格的申请人发放招标文件；⑧ 召开投标预备会；⑨ 组织外市潜在投标人踏勘现场；⑩ 接收投标文件，组建评标委员会，编制标底和评标、定标办法；⑪ 召开开标会议，当众拆封投标文件；⑫ 组织评标；⑬ 决定中标单位，向中标单位发出中标通知书；⑭ 建设单位与中标单位签订合同。

思考 请仔细阅读上述案例的招标程序，指出不妥之处并改正。

一、建设工程招标的条件

　　为了保证工程项目的建设符合国家或地区的总体发展规划，便于招标后续工作的顺利进行，建设工程招标应当满足有关法律法规的要求。根据《招标投标法》第九条规定，招标项目按照国家有关规定需要履行项目审批手续的，应当先履行审批手续，取得批准；招标人应当有进行招标项目的相应资金或资金来源已经落实，并应当在招标文件中如实载明。因此，履行项目审批手续和落实资金或资金来源是建设工程招标必须具备的两个基本条件。

（一）履行项目审批手续

建设工程招标项目是否履行了项目审批手续应从以下两个方面进行判断。
（1）建设工程本身是否按现行项目审批管理制度办理了手续、取得了批准。
（2）依法必须进行招标的项目，是否按规定申报了核准手续。

（二）落实资金或资金来源

　　落实资金是指招标项目的资金已经到位；落实资金来源是指招标项目的资金虽然没有到位，但其来源已经确定，如银行已承诺贷款。在招标文件中如实载明资金落实情况，是为了让投标人如实了解招标项目进展，以便将其作为判断是否参与投标的一个依据。

特别提示

> 建设工程项目不同阶段的招标还有更为具体的条件。例如，建设工程施工招标除应满足上述两个基本条件外，还应当具备以下两个条件。
>
> （1）有满足施工招标需要的设计文件及其他技术资料。
>
> （2）法律、法规、规章规定的其他条件。

二、建设工程招标的组织形式

建设工程招标有自行招标和委托招标两种组织形式。

（一）自行招标

依法必须进行招标的项目经批准后，招标人具备自行招标能力的，按规定经有关行政监督部门备案同意后，可以自行办理招标事宜。自行招标时，招标人应符合以下条件。

（1）属于法人或依法成立的其他组织。

（2）依法提出招标项目并进行招标。

（3）具有与招标工作相适应的经济、技术管理人员。

（4）具有编制招标文件的能力。

（5）具有组织开标、评标的能力。

（二）委托招标

招标人也可根据项目的实际情况和自身条件，自行选择招标代理机构，委托办理招标事宜。委托招标时，在招标代理权限范围内，招标代理机构以招标人的名义组织招标工作。招标代理机构是依法设立、从事招标代理业务并提供有关服务的社会中介组织，招标人应与招标代理机构签订委托代理合同，并要求招标代理机构具备以下条件。

（1）有从事招标代理业务的营业场所和相应资金。

（2）有能够编制招标文件和组织评标的相应专业力量。

 特别提示

> 根据《招标投标法》规定，任何单位和个人不得以任何方式为招标人指定招标代理机构，不得强制具备自行招标能力的招标人委托招标代理机构办理招标事宜。招标代理机构与行政机关和其他国家机关不得存在隶属关系或其他利益关系。

三、建设工程招标的方式与范围

（一）建设工程招标的方式

根据《招标投标法》第十条规定，招标分为公开招标和邀请招标两种方式。

1. 公开招标

公开招标是指招标人以招标公告的方式邀请不特定的法人或者其他组织投标，又称为无限竞争性招标。公开招标是由招标人按照法定程序，通过国家指定的报刊、信息网络或者其他媒介发布招标公告，所有符合招标条件的法人或者其他组织都可以参与竞标的招标方式。招标公告应当载明招标人的名称和地址、招标项目的性质和数量、实施地点和时间，以及获取招标文件的办法等事项。

公开招标的优点：招标信息公开，参与竞标的投标人在数量上没有限制，能够提高招标活动的透明度，防止腐败；招标人可选择的空间大，择优率高，有利于降低工程造价、提高工程质量及缩短工期。

公开招标的缺点：招标工作量大，招标时间长，招标费用高。

公开招标与邀请
招标的区别

2. 邀请招标

邀请招标是指招标人以投标邀请书的方式邀请特定的法人或者其他组织投标，又称为有限竞争性招标或者选择性招标。邀请招标是由招标人根据自己的经验和掌握的信息资料，向三个以上具备承担招标项目的能力、资信良好的特定法人或者其他组织发出招标邀请书，接受邀请的投标人参与竞标，招标人从中择优确定中标人的招标方式。投标邀请书应当载明与招标公告相同的规定事项。

邀请招标的优点：能够邀请到有经验和资信良好的投标人，参与竞标的投标人数量可控，招标工作容易进行，工作量较小，招标时间较短。

邀请招标的缺点：参与竞标的投标人相对较少，竞争范围较小，招标人可选择的空间较小；如果邀请招标前，招标人对投标人的信息资料掌握不足，那么可能会失去理想的中标人，达不到预期的竞争效果及中标价格。

特别提示

由于邀请招标限制了竞争范围，可能会失去在技术上和报价上有竞争力的投标人，因此，只有在不适宜进行公开招标的特殊情况下，才可进行邀请招标。

（二）建设工程招标的范围

1. 必须招标的范围

1)《招标投标法》的有关规定

根据《招标投标法》第三条规定，在中华人民共和国境内进行下列工程建设项目（包括项目的勘察、设计、施工、监理，以及与工程建设有关的重要设备、材料等的采购），必须进行招标。

（1）大型基础设施、公用事业等关系社会公共利益、公众安全的项目。

（2）全部或者部分使用国有资金投资或者国家融资的项目。

（3）使用国际组织或者外国政府贷款、援助资金的项目。

上述所列项目的具体范围和规模标准，由中华人民共和国国家发展和改革委员会会同国务院有关部门制订，报国务院批准。法律或者国务院对必须进行招标的其他项目的范围有规定的，依照其规定。

2)《必须招标的工程项目规定》的有关规定

根据《必须招标的工程项目规定》（中华人民共和国国家发展和改革委员会令第16号）和《必须招标的基础设施和公用事业项目范围规定》，必须招标的工程项目如表2-4所示。

表2-4　必须招标的工程项目

序号	项目类别	具体范围
1	大型基础设施、公用事业等关系社会公共利益、公众安全的项目	（1）煤炭、石油、天然气、电力、新能源等能源基础设施项目 （2）铁路、公路、管道、水运，以及公共航空和A1级通用机场等交通运输基础设施项目 （3）电信枢纽、通信信息网络等通信基础设施项目 （4）防洪、灌溉、排涝、引（供）水等水利基础设施项目 （5）城市轨道交通等城建项目
2	全部或者部分使用国有资金投资或者国家融资的项目	（1）使用预算资金200万元人民币以上，并且该资金占投资额10%以上的项目 （2）使用国有企业事业单位资金，并且该资金占控股或者主导地位的项目
3	使用国际组织或者外国政府贷款、援助资金的项目	（1）使用世界银行或者亚洲开发银行等国际组织贷款、援助资金的项目 （2）使用外国政府及其机构贷款、援助资金的项目

各类必须招标的工程项目，其勘察、设计、施工、监理，以及与工程建设有关的重要设备、材料等的采购，达到下列标准之一的，必须招标。

（1）施工单项合同估算价在400万元人民币以上。

（2）重要设备、材料等货物的采购，单项合同估算价在200万元人民币以上。

（3）勘察、设计、监理等服务的采购，单项合同估算价在100万元人民币以上。

同一项目中可以合并进行的勘察、设计、施工、监理，以及与工程建设有关的重要设备、材料等的采购，合同估算价合计达到上述规定标准的，必须招标。

某市政府投资1 600万元兴建天然气服务站项目（包括项目的设计、监理、建筑安装工程、主要材料与设备的采购等），项目审批部门批准该项目进行公开招标。其中，建筑安装工程估算价为800万元，监理服务估算价为120万元。请问：建筑安装工程和监理服务是否属于依法必须进行招标的项目？因工期紧张，招标人能否采用邀请招标的方式确定监理服务单位？

2．可以不进行招标的范围

《招标投标法》第六十六条规定，涉及国家安全、国家秘密、抢险救灾或者属于利用扶贫资金实行以工代赈、需要使用农民工等特殊情况，不适宜进行招标的项目，按照国家有关规定可以不进行招标。

此外，《招标投标法实施条例》第九条和《工程建设项目施工招标投标办法》第十二条还对可以不进行招标的特殊情况进行了补充说明，具体内容如下。

（1）需要采用不可替代的专利或者专有技术。

（2）采购人依法能够自行建设、生产或者提供。

（3）已通过招标方式选定的特许经营项目投资人依法能够自行建设、生产或者提供。

（4）需要向原中标人采购工程、货物或者服务，否则将影响施工或者功能配套要求。

（5）在建工程追加的附属小型工程或者主体加层工程，原中标人仍具备承包能力，并且其他人承担将影响施工或者功能配套要求。

（6）国家规定的其他特殊情形。

四、建设工程招标的程序

建设工程招标的程序，是指在建设工程招标活动中，按照一定的时间、空间顺序运作的步骤。建设工程公开招标和邀请招标的程序具体如下。

（一）公开招标的程序

公开招标的程序如图2-1所示。

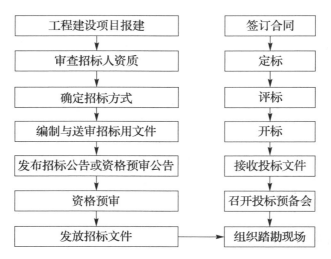

图 2-1　公开招标的程序

1. 工程建设项目报建

工程建设项目报建是指工程建设项目由建设单位或其代理机构在工程项目可行性研究报告或其他立项文件批准后，须向当地建设行政主管部门或其授权机构进行报建，交验工程项目立项的批准文件，包括银行出具的资信证明及批准的建设用地等其他有关文件的行为。根据《工程建设项目报建管理办法》规定，凡在我国境内投资兴建的各类房屋建筑，土木工程，设备安装，管道线路敷设，装饰装修等固定资产投资的新建、扩建、改建及技改等工程建设项目，都必须实行报建制度，接受当地建设行政主管部门或其授权机构的监督管理。

工程建设项目报建的内容主要包括工程名称、建设地点、投资规模、资金来源、当年投资额、工程规模、开工与竣工日期、发包方式、工程筹建情况等。

特别提示

凡未报建的工程建设项目，不得办理招标手续和发放施工许可证，设计、施工单位不得承接该项工程的设计和施工任务。

2. 审查招标人资质

审查招标人资质即审查招标人是否具备招标条件。具备招标条件的招标人，可以自行招标；不具备招标条件的招标人，需要委托具有相应资质的招标代理机构进行招标。招标人确定工程项目的招标组织形式（自行招标或委托招标）后，应向有关行政监督部门备案，并接受有关行政监督部门的检查和监督。

3. 确定招标方式

根据招标项目的具体情况，招标人按照法律法规的规定确定招标方式（公开招标或邀请招标），并向有关行政监督部门提出招标申请。当招标申请批准后，才可进行招标。

4. 编制与送审招标用文件

招标申请被批准后，对依法必须进行招标的项目，招标人应当按照法律法规的规定编制招标用文件，包括资格预审文件和招标文件。资格预审文件和招标文件需要报当地建设行政主管机关审查。

5. 发布招标公告或资格预审公告

资格预审文件和招标文件经审查批准后，招标人即可根据招标方式发布招标公告或资格预审公告，吸引潜在投标人前来投标或参加资格预审。依法必须进行公开招标的建设工程项目，招标人应通过国家指定的报刊、信息网络等媒介发布招标公告或资格预审公告。

6. 资格预审

在公开招标活动中，招标人对潜在投标人的资格审查有资格预审和资格后审两种方式，我国通常采用资格预审的方式。资格预审应当按照资格预审文件载明的标准和方法进行。资格预审结束后，招标人应及时向参与资格预审的申请人发出资格预审结果通知书。未通过资格预审的申请人不具备投标资格。通过资格预审的申请人少于三个的，应当重新招标。

7. 发放招标文件

招标人应按规定的时间和地点向潜在投标人发放招标文件及有关资料。招标文件的发放期不得少于 5 日。招标人发放招标文件可以收取工本费。潜在投标人收到招标文件并核对无误后，应以书面形式予以确认。依法必须进行招标的项目，自招标文件发放之日起至投标人提交投标文件截止之日止，最短不得少于 20 日。

8. 组织踏勘现场

招标文件发放后，招标人根据招标项目的具体情况，可以组织潜在投标人踏勘项目现场。设置此程序，一方面可使潜在投标人了解项目现场和周围环境情况，获取对投标有帮助的信息，以便编制投标文件；另一方面有助于潜在投标人详细核对招标文件中的有关规定和数据，对于现场实际情况与招标文件不一致的地方，潜在投标人应以书面形式向招标人提出。

 特别提示

为防止招标人提供差别信息，排斥潜在投标人，保证公平、公正，招标人不得组织单个或部分潜在投标人踏勘项目现场。

9. 召开投标预备会

对于潜在投标人在阅读招标文件和踏勘现场中提出的问题，招标人除了以信函的方式书面解答外，还可以通过召开投标预备会的方式进行解答。投标预备会结束后，招标人将所有问题及其解答以书面形式通知所有购买招标文件的潜在投标人，同时向有关行政监督部门备案。

 特别提示

> 投标预备会的会议纪要是招标文件的组成部分，其内容若与已发放的招标文件有不一致的地方，以会议纪要为准。

10. 接收投标文件

投标人递交投标文件时，招标人应做好投标文件的签收工作。招标人应如实记录投标文件的送达时间和密封情况，并存档备查。在开标前，招标人应妥善保管投标文件。未通过资格预审的申请人提交的投标文件、在招标文件要求的投标文件截止时间后送达的投标文件及不按招标文件要求密封的投标文件，招标人均应拒绝接收。

11. 开标

开标应当在招标文件中确定的投标文件提交截止时间的同一时间公开进行，开标地点应当为招标文件中预先确定的地点。开标由招标人组织和主持，由有关行政监督部门依法到场实施监督，并邀请所有投标单位和评标委员会全体成员参加。

招标人在投标文件提交截止时间之前收到的所有投标文件，开标时都应当众予以拆封。招标项目设有标底的，招标人应当在开标时公布。投标人少于三个的，不得开标。

12. 评标

评标由招标人依法组建的评标委员会负责。评标委员会应当按照招标文件确定的评标标准和方法，对投标文件进行综合评审和比较，保证公正合理、择优推荐。评标委员会完成评标后，应当向招标人提出书面评标报告，并推荐合格的中标候选人。

13. 定标

招标人可以根据评标委员会提出的书面评标报告和推荐的中标候选人确定中标人，也可以授权评标委员会直接确定中标人。

中标人确定后，招标人应当向中标人发出中标通知书，并同时将中标结果通知所有未中标的投标人。中标通知书对招标人和中标人具有法律效力。中标通知书发出后，招标人改变中标结果的，或中标人放弃中标项目的，应当依法承担法律责任。

14. 签订合同

招标人和中标人应当自中标通知书发出之日起 30 日内，按照招标文件和中标人的投标文件，正式签订书面合同。招标人和中标人不得再行订立背离合同实质性内容的其他协议。招标文件要求中标人提交履约保证金的，中标人应当提交。

（二）邀请招标的程序

邀请招标的程序是指招标人可以直接向有能力承担且适合本建设工程的法人或其他组织发出邀请，其程序与公开招标相似，主要区别是邀请招标没有发布招标公告或资格预审公告及资格预审环节，但增加了发出投标邀请书的环节。

五、建设工程招标的资格审查

《招标投标法》第十八条规定，招标人可以根据招标项目本身的要求，在招标公告或投标邀请书中，要求潜在投标人提供有关资质证明文件和业绩情况，并对潜在投标人进行资格审查；国家对投标人的资格条件有规定的，依照其规定。

（一）资格审查的方式

资格审查有资格预审和资格后审两种。公开招标通常采用资格预审，只有资格预审合格的潜在投标人才允许参加投标；未进行资格预审的公开招标应采用资格后审。

1. 资格预审

资格预审是指在投标前对潜在投标人进行的资格审查。招标人通过发布资格预审公告，向不特定的潜在投标人发出投标邀请，并组织资格审查委员会按照资格预审公告和资格预审文件确定的资格预审条件、标准和方法，对潜在投标人的经营资格、专业资质、财务状况、项目业绩、履约信誉、企业认证体系等条件进行评审，从而确定合格的潜在投标人。

资格预审可以预先淘汰不合格的潜在投标人，减少投标文件的数量，降低招标人的评审成本，提高招标工作的效率；同时有助于招标人了解潜在投标人的实力，筛选出更有竞争力的潜在投标人参与竞标。但资格预审延长了招投标的过程，增加了招投标双方资格预审的费用。因此，资格预审比较适用于技术难度较大或投标文件编制费用较高，且潜在投标人数量较多的招标项目。

2. 资格后审

资格后审是指在开标后对投标人进行的资格审查。投标人在编制投标文件的同时，按要求填写资格审查资料，在正式评标前由评标委员会对其进行资格审查，若资格审查合格，则对其投标进行评标；若资格审查不合格，则将其投标作废标处理，不再进行评审。资格后审的内容与资格预审的内容大致相同，主要包括投标人的组织机构、财务状况、人员与设备情况、施工经验等。

资格后审可以缩短招投标的过程，减少招投标双方资格审查的费用，有利于增加投标的竞争性，但在投标人过多时会增加评标工作量。资格后审适用于工期紧迫、工程较为简单的招标项目。

（二）资格预审的办法与程序

资格预审具有严谨的办法与程序，招标人可以利用资格预审较为全面地了解申请人各方面的情况。

1. 资格预审的办法

资格预审的办法有合格制和有限数量制两种。

- ➤ 合格制：凡符合审查标准的申请人均通过资格预审，不限制人数。
- ➤ 有限数量制：资格审查委员会依据规定的审查标准和程序，对通过审查的资格预审申请文件进行量化打分，按得分由高到低的顺序确定通过资格预审的申请人。通过资格预审的申请人不应超过限定的数量。

特别提示

> 当采用有限数量制资格预审办法时，如果通过审查的申请人数量不少于 3 个且没有超过限定数量，则申请人均通过资格预审，不再进行评分；如果通过审查的申请人数量超过限定数量，审查委员会则依据评分标准进行评分，将申请人按得分由高到低进行排序。

2. 资格预审的程序

1）初步审查

初步审查是一般符合性审查。审查委员会依据资格预审文件的要求，对接收到的资格预审申请文件进行初步审查。一般来讲，初步审查的内容主要包括以下几个方面。

（1）申请人名称与营业执照、资质证书、安全生产许可证一致。

（2）申请函有法定代表人或其委托代理人签字或加盖单位章。

（3）申请文件格式符合资格预审文件格式的要求。

（4）如果是联合体投标，联合体申请人应提交联合体协议书，并明确联合体牵头人。

特别提示

> 联合体投标是指两个及以上法人或者其他组织组成一个联合体，以一个投标人的身份共同投标。

2）详细审查

资格预审申请文件通过初步审查后，即进入详细审查阶段。一般来讲，详细审查的内容主要包括以下几个方面。

（1）具备有效的营业执照。

（2）具备有效的安全生产许可证。

（3）资质等级、财务状况、类似项目业绩、信誉、项目经理资格、其他要求及联合体申请人等，符合有关规定。

　　3）资格预审申请文件的澄清

　　在审查过程中，资格审查委员会可以书面形式，要求申请人对所提交的资格预审申请文件中不明确的内容进行必要的澄清或说明。申请人的澄清或说明应采用书面形式，并不得改变资格预审申请文件的实质性内容。申请人的澄清和说明内容属于资格预审申请文件的组成部分。招标人和资格审查委员会不接受申请人主动提出的澄清或说明。

　　4）提交审查报告

　　资格审查委员会按照规定的程序对资格预审申请文件完成审查后，确定通过资格预审的申请人名单，并向招标人提交书面审查报告。

　　5）发出资格预审结果

　　资格预审结束后，招标人应在规定的时间内以书面形式将资格预审结果通知所有申请人，并向通过资格预审的申请人发出投标邀请书。通过资格预审的申请人收到投标邀请书后，应在规定的时间内以书面形式明确表示是否参加投标。实际参加资格预审或通过资格预审的申请人数量不足 3 个的，招标人应重新组织资格预审或不再组织资格预审而直接招标。

特别提示

　　在资格预审过程中，申请人应按资格审查委员会的要求进行澄清或说明，不得存在弄虚作假、行贿或其他违法违规的行为。通过资格预审的申请人除应满足初步审查和详细审查的标准外，还不得存在下列情形。

　　（1）为招标人不具有独立法人资格的附属机构（单位）。

　　（2）为本标段前期准备提供设计或咨询服务的，但设计施工总承包的除外。

　　（3）为本标段的监理人。

　　（4）为本标段的代建人。

　　（5）为本标段提供招标代理服务的。

　　（6）与本标段的监理人或代建人或招标代理机构同为一个法定代表人的。

　　（7）与本标段的监理人或代建人或招标代理机构相互控股或参股的。

　　（8）与本标段的监理人或代建人或招标代理机构相互任职或工作的。

　　（9）被责令停业的。

　　（10）被暂停或取消投标资格的。

　　（11）财产被接管或冻结的。

　　（12）在最近三年内有骗取中标或严重违约或重大工程质量问题的。

（三）资格预审文件的内容

资格预审文件告知申请人资格预审的条件、标准和方法，是申请人编制资格预审申请文件的依据。资格预审文件由招标人或其委托的招标代理机构编制。

《招标投标实施条例》第十五条规定，编制依法必须进行招标的项目的资格预审文件，应当使用中华人民共和国国家发展和改革委员会会同有关行政监督部门制定的标准文本。标准施工招标资格预审文件主要包括资格预审公告、申请人须知、资格审查办法、资格预审申请文件格式、项目建设概况五部分内容。

1. 资格预审公告

公开招标要求资格预审时，应当发布资格预审公告。资格预审公告主要包括招标条件、项目概况与招标范围、申请人资格要求、资格预审办法、资格预审文件的获取、资格预审申请文件的递交、发布公告的媒介、联系方式等内容。

资格预审公告示例

2. 申请人须知

申请人须知一般包括申请人须知前附表和申请人须知正文两部分。申请人须知前附表是将申请人须知正文中重要条款规定的内容用一个表格的形式表现出来。下面主要介绍申请人须知正文的主要内容。

申请人须知前
附表示例

（1）总则。总则中要把项目概况、资金来源和落实情况、招标范围、计划工期、质量要求、申请人资格要求等内容叙述清楚，明确编写资格预审申请文件所用的语言文字，并声明申请人准备和参加资格预审发生的费用自理。

（2）资格预审文件。资格预审文件包括资格预审公告、申请人须知、资格预审办法、资格预审申请文件格式、项目建设概况，以及资格预审文件的澄清或修改等内容。

特别提示

> 当资格预审文件与资格预审文件的澄清或修改在同一内容上的表述不一致时，以最后发出的书面文件为准。

（3）资格预审申请文件的编制。招标人应明确告知申请人资格预审申请文件的组成、编制要求、装订及签字要求。

（4）资格预审申请文件的递交。申请人应先对资格预审文件进行正确的密封和标识，然后在规定的申请截止时间前将其递交到规定的地点。

（5）资格预审申请文件的审查。资格预审申请文件由招标人组建的资格审查委员会负责审查。资格审查委员会根据资格预审文件规定的方法和标准，对所有已受理的资格预审申请文件进行审查。

（6）通知和确认。明确资格预审结果的通知时间与方式，以及通过资格预审的申请人的确认时间与方式。

（7）申请人的资格改变。通过资格预审的申请人组织机构、财务能力、信誉情况等资格条件发生变化，使其不再实质上满足规定标准的，其投标不被接受。

（8）纪律与监督。严禁申请人向与资格预审活动有关的工作人员行贿。申请人不得以任何方式干扰、影响资格预审的审查工作，否则将导致其不能通过资格预审。与资格预审活动有关的工作人员应对资格预审文件的审查和比较进行保密。申请人和其他利害关系人认为本次资格预审活动违反法律法规和规章制度的，有权向有关行政监督部门投诉。

3．资格审查办法

招标人应在资格预审文件中明确告知申请人资格预审采用合格制还是有限数量制，并给出资格审查的标准和程序。

4．资格预审申请文件格式

为了让申请人按照统一的格式递交资格预审申请文件，招标人应在资格预审文件中按照资格预审条件编制好统一的文件格式。资格预审申请文件主要包括以下内容。

（1）资格预审申请函。
（2）法定代表人身份证明或附有法定代表人身份证明的授权委托书。
（3）联合体协议书。
（4）申请人基本情况表。
（5）近年财务状况表。
（6）近年完成的类似项目情况表。
（7）正在施工和新承接的项目情况表。
（8）近年发生的诉讼及仲裁情况。
（9）其他材料。

特别提示

"申请人须知前附表"规定不接受联合体资格预审申请的或申请人没有组成联合体的，资格预审申请文件中不包括联合体协议书。

5．项目建设概况

项目建设概况包括项目说明、建设条件、建设要求及其他需要说明的情况。

任务实施

通过本任务的学习，相信同学们已经发现了任务引入中建设单位招标程序的不妥之处，具体改正内容如下。

工程招投标与合同管理

（1）第④条中，招标用文件的编制不妥，应为招标用文件的编制与送审，因为招标用文件编制完成后需要报当地建设行政主管机关审查。

（2）第⑤条中，发出投标邀请书不妥，应为发布资格预审公告（代招标公告）。

（3）第⑥条中，将资格预审结果通知合格的申请人不妥，应为将资格预审结果通知所有申请人。

（4）第⑧条和第⑨条顺序不妥，且第⑨条中，组织外市潜在投标人踏勘现场也不妥，应在召开投标预备会前，先组织潜在投标人一起踏勘现场。

（5）第⑩条中，编制标底和评标、定标办法不妥，这些工作不应安排在此时进行，通常编制标底和评标、定标办法应在编制招标用文件的过程中进行。

（6）第⑬条中，决定中标单位，向中标单位发出中标通知书不妥，应当向中标单位发出中标通知书，并同时将中标结果通知所有未中标的投标人。

任务二　编制建设工程招标文件

任务引入

A市拟新建一条名为幸福路的次干路，该项目由该市发展和改革委员会批准建设，批准编号为发改投标字（2024）第××号，其中政府投资30%，企业筹资70%，采用资格后审方式确定合格投标人。A市公路管理委员会作为招标人，计划于2024年8月6日至2024年8月16日（法定公休日、法定节假日除外），每日上午8时30分至11时30分，下午13时30分至16时30分（北京时间，下同），在A市××路1号楼第一会议室发放招标文件，招标文件每套售价600元，图纸押金每套1 600元，不接受邮购。2024年9月10日上午9时00分投标截止，投标文件递交地点为A市××路1号楼第一会议室。

项目基本情况如下。

（1）项目位于A市B区，幸福路长960 m、宽20 m，计划投资1 440万元。

（2）计划开工日期为2024年11月15日，计划竣工日期为2025年6月15日。

（3）质量要求：达到国家质量检验与评定标准等级。

（4）对投标人的资格要求：市政工程施工总承包企业二级及以上资质，不接受联合体投标，有3年类似项目业绩。

（5）招标公告拟在中国建设报、中国采购与招标网、省日报、市公共资源交易中心网站等平台发布。

 思考　根据上述案例，编写一份招标公告。

46

一、招标文件的主要内容

　　招标文件主要用于说明拟招标项目的基本情况，告知投标人评标办法及订立合同的条件等，从而指导投标人正确参加投标。招标文件规定的各项实质性要求和条件，对招投标双方都具有约束力。招标文件是投标人编制投标文件的依据，也是评标委员会对投标文件进行评审的依据，同时也是招标人与中标人签订合同的基础。

　　编制依法必须进行招标项目的招标文件，应当使用中华人民共和国国家发展和改革委员会会同有关行政监督部门制定的标准文本。此处以《中华人民共和国标准施工招标文件（2007 年版）》（简称《标准施工招标文件》）为范本介绍标准施工招标文件的内容。

　　《标准施工招标文件》共包括封面格式和四卷八章内容，如图 2-2 所示。

> 　　　封面格式
> 　　第一卷　第一章　招标公告或投标邀请书
> 　　　　　　第二章　投标人须知
> 　　　　　　第三章　评标办法（经评审的最低投标价法和综合评估法）
> 　　　　　　第四章　合同条款及格式
> 　　　　　　第五章　工程量清单
> 　　第二卷　第六章　图纸
> 　　第三卷　第七章　技术标准和要求
> 　　第四卷　第八章　投标文件格式

图 2-2　《标准施工招标文件》内容

（一）招标公告或投标邀请书

1. 招标公告

　　招标公告是指招标人在进行科学研究、技术攻克、工程建设、合作经营或大宗商品交易时，公布标准和条件，提出价格、要求等，以期吸引承包人的一种文书。

　　招标公告适用于尚未进行资格预审的公开招标，其主要内容如表 2-5 所示。

表 2-5　招标公告的主要内容

序号	招标公告	主要内容
1	招标条件	建设工程项目名称，项目审批、核准或备案机关名称，批文名称及编号，项目业主名称，项目资金来源和出资比例，招标人名称，该项目已具备招标条件
2	项目概况与招标范围	对建设工程项目的建设地点、规模、计划工期、招标范围、标段划分等进行概括的描述，使潜在投标人能够初步判断自己是否有意愿及能力参加该项目

（续表）

序号	招标公告	主要内容
3	投标人资格要求	投标人应具备的工程施工资质等级、类似项目业绩描述，安全生产许可证，质量认证体系证书；在人员、设备、资金等方面具备相应的施工能力；是否接受联合体投标及相应要求；投标人投标的标段数量或指定的具体标段
4	招标文件的获取	明确招标文件发放的时间和地点、招标文件的售价及图纸的押金、招标文件是否可以邮购（如果可以邮购，需要给出邮购费用）等
5	投标文件的递交	明确投标文件递交的截止时间和地点，以及对于逾期送达的或未送达指定地点的投标文件，招标人不予受理
6	发布公告的媒介	告知发布本次招标公告的媒介名称
7	联系方式	写明招标人和招标代理机构的名称、地址、邮编、联系人、电话、传真、电子邮件、网址、开户银行、账号等

2．投标邀请书

投标邀请书分为两种，一种是采用邀请招标的方式招标时，招标人向特定投标人发出的投标邀请书；另一种是采用公开招标且进行资格预审时，招标人向通过资格预审的投标人发出的投标邀请书，又称为代资格预审通过通知书。

适用于邀请招标的投标邀请书一般包括项目名称、被邀请单位名称、招标条件、项目概况与招标范围、投标人资格要求、招标文件的获取、投标文件的递交、被邀请单位确认、联系方式等内容。

代资格预审通过通知书的投标邀请书一般包括项目名称、被邀请单位名称、招标文件的获取、投标文件的递交、被邀请单位确认、联系方式等内容。

（二）投标人须知

投标人须知是招标文件中很重要的一部分内容，需要投标人在准备投标时仔细阅读和理解。投标人须知主要包括投标人须知前附表和投标人须知正文，以及开标记录表、问题澄清通知等附表。

1．投标人须知前附表

投标人须知前附表是将投标人须知正文中重要条款规定的内容用一个表格的形式表现出来。它主要有两个方面的作用：一方面可以将投标人须知正文中的关键内容和数据摘要列表，起到强调和提醒的作用，为投标人迅速找到投标人须知内容提供方便；另一方面可对投标人须知正文中交由投标人须知前附表明确的内容给予具体约定。

 案例分析

如表 2-6 所示为××市××学校新建教学楼施工工程投标人须知前附表。

表 2-6 ××市××学校新建教学楼施工工程投标人须知前附表

序号	条款名称	编列内容
1	招标人	名称：××市教育资产管理服务中心 地址：××市××街 8 号 联系人：李老师 电话：××
2	招标代理机构	名称：××工程咨询有限公司 地址：××市××路 9 号一层办公室 联系人：王老师 电话：××
3	项目名称	××市××学校新建教学楼施工工程
4	建设地点	××市××学校
5	资金来源	财政资金
6	资金落实情况	已落实
7	招标范围	××市××学校新建教学楼施工工程图纸、工程量清单及有关文件所示全部内容
8	计划工期	计划工期：35 日历天 计划开工日期：2023 年 7 月 15 日 计划竣工日期：2023 年 8 月 18 日
9	质量要求	合格
10	投标人资质条件	资质条件：建筑工程施工总承包企业三级（含）以上资质 项目经理（建造师，下同）资格：项目经理必须在投标人单位注册，具有建筑工程专业二级及以上注册建造师证书，并取得安全生产考核合格证书
11	是否接受联合体投标	不接受
12	踏勘现场	不组织，若有需要请与招标人联系自行踏勘现场
13	投标预备会	不召开
14	投标人提出问题的截止时间	2023 年 5 月 17 日 17 时 00 分前
15	招标人书面澄清的时间	2023 年 5 月 20 日 17 时 00 分前
16	分包	不允许
17	偏离	不允许
18	投标人要求澄清招标文件的截止时间	2023 年 5 月 18 日 17 时 00 分前
19	投标截止时间	2023 年 6 月 15 日 09 时 00 分
20	投标人确认收到招标文件澄清的时间	澄清文件发出之日起次日内
21	投标人确认收到招标文件修改的时间	修改文件发出之日起次日内
22	投标有效期	90 日历天（从投标截止之日算起）
23	投标保证金	不要求递交投标保证金

（续表）

序号	条款名称	编列内容
24	近年财务状况的年份要求	会计师事务所出具的2021年度或2022年度财务审计报告或银行出具的资信证明
25	近年完成的类似项目的年份要求	3年，2020年6月1日—2023年5月31日
26	是否允许递交备选投标方案	不允许
27	签字或盖章要求	法定代表人或其委托代理人签字和加盖单位章
28	投标文件副本份数	3份
29	装订要求	（1）投标文件必须胶装，不得用可拆活页装订 （2）商务部分和技术部分需要分别单独装订成册，文件中要编制目录、页码（已标价的工程量清单可不标页码）
30	封套上写明	招标人地址：××市××街8号 招标人名称：××市教育资产管理服务中心 ××市××学校新建教学楼施工工程投标文件在2023年6月15日09时00分前不得开启
31	递交投标文件地点	××市××路9号一层办公室
32	是否退还投标文件	否
33	开标时间和地点	开标时间：同投标截止时间 开标地点：××市××路9号一层办公室
34	开标程序	密封情况检查：投标人代表 开标顺序：递交投标文件的顺序
35	评标委员会的组建	评标委员会构成：5人，其中招标人代表0人，专家5人 评标专家确定方式：评标专家库中选取
36	是否授权评标委员会确定中标人	否，推荐的中标候选人数：3
37	履约担保	履约担保形式：银行保函 履约担保金额：中标合同金额的5%

2. 投标人须知正文

投标人须知正文的主要内容包括总则、招标文件、投标文件、投标、开标、评标、合同授予、重新招标和不再招标、纪律和监督等。

1）总则

总则主要是对项目概况、资金来源和落实情况、招标范围、计划工期、质量要求、投标人资格要求、费用承担、保密、语言文字、计量单位、踏勘现场、投标预备会、分包和偏离等问题的说明。

2）招标文件

招标文件部分主要对招标文件的组成、澄清、修改等问题进行了说明。投标人应认真审阅招标文件部分的所有内容，若投标人的投标文件中存在与该部分要求实质上不相符的内容，则有可能被拒绝。

（1）招标文件的组成。招标文件通常由招标公告或投标邀请书、投标人须知、评标办法、合同条款及格式、工程量清单、图纸、技术标准和要求、投标文件格式、"投标人须知前附表"规定的其他材料，以及对招标文件所作的澄清、修改等内容组成。

（2）招标文件的澄清。投标人应仔细阅读和检查招标文件的全部内容。如发现缺页或附件不全，应及时向招标人提出，以便补齐。如有疑问，投标人应在规定的时间前以书面形式要求招标人对招标文件予以澄清。

（3）招标文件的修改。在投标截止日期前，招标人可以对已发出的招标文件进行修改，这些修改的内容也是招标文件的一部分，对投标人起约束作用。招标人修改招标文件后，应以书面形式通知所有已购买招标文件的投标人。

特别提示

如果招标文件的澄清或修改时间距投标截止时间不足 15 日，那么需要相应延长投标截止时间。投标人在收到招标文件的澄清或修改内容后，应在规定时间内以书面形式通知招标人，确认已收到该内容。

3）投标文件

招标人应在投标人须知中对投标文件的组成、投标报价、投标有效期、投标保证金、资格审查资料、备选投标方案、投标文件的编制等内容提出明确要求。

（1）投标文件的组成。投标文件通常由投标函及投标函附录、法定代表人身份证明或附有法定代表人身份证明的授权委托书、联合体协议书、投标保证金、已标价工程量清单、施工组织设计、项目管理机构、拟分包项目情况表、资格审查资料、招标文件规定提交的其他材料等内容组成。

特别提示

招标文件规定不接受联合体投标的，或投标人没有组成联合体的，投标文件不包括联合体协议书。

（2）投标报价。投标人应按招标文件中的有关计价要求自主报价。投标人在投标截止时间前修改投标函中投标报价总额的，应同时对报价文件中的相应内容进行修改。

（3）投标有效期。投标有效期是指为保证招标人有足够的时间在开标后完成评标、定标、合同签订等工作而要求投标人提交的投标文件保持有效的期限。在规定的投标有效期内，投标人不得要求撤销或修改其投标文件。出现特殊情况需要延长投标有效期的，招标人应以书面形式通知所有投标人。投标人同意延长的，应相应延长其投标保证金的有效期，但不得要求或被允许修改或撤销其投标文件；投标人拒绝延长的，其投标失效，但投标人有权收回其投标保证金。

（4）投标保证金。投标保证金是指投标人按招标文件要求向招标人出具的、以一定金额表示的投标责任担保，其实质是为了避免因投标人在规定的投标有效期内撤销或修改投标文件，以及中标人无正当理由拒签合同协议书或未按招标文件规定提交履约担保等行为而给招标人造成损失。招标人应在投标人须知中规定投标保证金的形式、金额和有效期。投标保证金的形式一般有现金、支票、银行汇票、投标保函等。对于未能按要求提交投标保证金的，其投标文件作废标处理。招标人与中标人签订合同后 5 个工作日内，招标人向未中标的投标人和中标人退还投标保证金。

（5）资格审查资料。如果招标项目已经组织资格预审，当评标办法不涉及投标人资格条件时，投标人资格预审阶段的资格审查资料没有变化的，可不再重复提交，发生变化的，按新情况更新或补充；当评标办法要求对投标人资格条件进行综合评价时，投标人应按招标文件的要求提交资格审查资料。如果招标项目未组织资格预审或约定要求递交资格审查资料，需要递交的资料一般包括投标人基本情况表、近年财务状况表、近年完成的类似项目情况表、正在施工和新承接的项目情况表、近年发生的诉讼及仲裁情况等。

特别提示

投标人须知前附表规定接受联合体投标的，资格审查资料应包括联合体各方有关情况。

（6）备选投标方案。投标人须知前附表应明确是否允许递交备选投标方案。如果允许递交备选投标方案，投标人除编制满足招标文件要求的投标方案外，还可以编制备选投标方案。编制备选投标方案，可以充分激发投标人的竞争潜力，使实施方案更具备科学性、合理性和可操作性。

特别提示

允许投标人递交备选投标方案的，只有中标人所递交的备选投标方案可予以考虑。评标委员会认为中标人的备选投标方案优于其按招标文件要求编制的投标方案的，招标人可以接受该备选投标方案。

（7）投标文件的编制。投标文件应按投标文件格式进行编制，如有必要，可以增加附页，作为投标文件的组成部分。投标文件应当对招标文件中有关工期、投标有效期、质量要求、技术标准和要求、招标范围等的实质性内容进行响应。投标文件应用不褪色的材料书写或打印，并由投标人的法定代表人或其委托代理人签字或盖单位章。投标文件正本一份，副本份数根据投标人须知前附表确定。投标文件的正本与副本应分别装订成册，并编制目录。

4）投标

招标人应明确投标文件的密封和标记、投标文件的递交时间和地点、投标文件的修改和撤回等要求。

5）开标

招标人应在招标文件中对开标的时间、地点和程序进行明确的规定。

6）评标

评标由招标人依法组建的评标委员会负责。评标活动遵循公平、公正、科学和择优的原则。评标委员会按照评标办法中规定的方法、评审因素、标准和程序对投标文件进行评审。

笔　记

7）合同授予

合同授予部分对定标方式、中标通知、履约担保和签订合同等内容进行了明确规定。

（1）定标方式。定标方式有评标委员会直接确定中标人和招标人依据评标委员会推荐的中标候选人确定中标人两种。

（2）中标通知。在规定的投标有效期内，招标人以书面形式向中标人发出中标通知书，同时将中标结果通知未中标的投标人。

（3）履约担保。在签订合同前，中标人应按规定的担保形式和金额向招标人提交履约担保。联合体中标的，其履约担保由联合体牵头人提交。

（4）签订合同。招标人和中标人应当自中标通知书发出之日起 30 日内，根据招标文件和中标人的投标文件签订书面合同。

特别提示

（1）中标人不能按要求提交履约担保的或无正当理由拒签合同的，招标人取消其中标资格，其投标保证金不予退还；给招标人造成的损失超过投标保证金金额的，中标人还应当对超过部分予以赔偿。

（2）发出中标通知书后，招标人无正当理由拒签合同的，招标人向中标人退还投标保证金；给中标人造成损失的，还应当赔偿损失。

8）重新招标和不再招标

对于到投标截止时间，投标人少于 3 个的，以及经评标委员会评审后否决所有投标的情况，招标人将重新招标。重新招标后投标人仍少于 3 个或所有投标被否决的，属于必须审批或核准的工程建设项目，经原审批或核准部门批准后不再进行招标。

9）纪律和监督

纪律和监督主要包括对招标人、投标人、评标委员会、与评标活动有关的工作人员的纪律要求，以及投诉监督等。

（三）评标办法

评标办法包括经评审的最低投标价法和综合评估法。招标文件中应对评标办法、评标标准、评标程序等进行明确的规定。

（四）合同条款及格式

合同条款及格式包括通用合同条款、专用合同条款及合同附件格式三部分内容。

通用合同条款包括 24 部分内容，分别是一般约定，发包人义务，监理人，承包人，材料和工程设备，施工设备和临时设施，交通运输，测量放线，施工安全、治安保卫和环境保护，进度计划，开工和竣工，暂停施工，工程质量，试验和检验，变更，价格调整，计量和支付，竣工验收，缺陷责任和保修责任，保险，不可抗力，违约，索赔，争议的解决等。

专用合同条款是招标人根据工程项目的具体情况予以明确或对通用合同条款进行修改或补充的合同条款。

合同附件格式包括合同协议书、履约担保格式和预付款担保格式等。为了便于投标和评标，招标文件都应采用统一的合同文件格式。

（五）工程量清单

工程量清单中主要包括工程量清单说明和投标报价说明两部分内容。

1. 工程量清单说明

（1）工程量清单根据招标文件中包括的、有合同约束力的图纸及有关工程量清单的国家标准、行业标准、合同条款中约定的工程量计算规则编制。

（2）投标人应将工程量清单与招标文件中的投标人须知、通用合同条款、专用合同条款、技术标准和要求及图纸等一起阅读和理解。

（3）工程量清单仅是投标报价的共同基础，实际工程计量和工程价款的支付应遵循合同条款的约定及技术标准和要求的有关规定。

（4）工程量清单中应补充子目工程量计算规则及子目工作内容说明。

2. 投标报价说明

招标人应明确对投标报价的要求，包括单价的组成内容和投标总价所包含的范围。

（1）工程量清单中的每一子目须填入单价或价格，且只允许有一个报价。

（2）工程量清单中标价的单价或金额，应主要包括所需人工费、施工机械使用费、材料费，以及管理费、利润等。

（3）工程量清单中投标人没有填入单价或价格的子目，其费用视为已分摊在工程量清单中其他有关子目的单价或价格之中。

（4）投标报价中应包含暂列金额和暂估价的数量及拟用子目的说明。

 特别提示

暂列金额是招标人在工程量清单中暂定并包括在合同价款中的一笔款项。用于工程合同签订时尚未确定或不可预见的材料、工程设备、服务的采购，施工中可能发生的工程变更、合同约定调整因素出现时的合同价款调整，以及发生的索赔、现场签证确认等的费用。

暂估价是招标人在工程量清单中提供的用于支付必然发生但暂时不能确定价格的材料、工程设备的单价，以及专业工程的金额。

（六）图纸

图纸是编制工程量清单和投标报价的重要依据，也是拟订施工方案、确定施工方法、进行施工和验收的主要依据。图纸部分除包含图纸外，还应列明图纸目录。

（七）技术标准和要求

技术标准和要求主要说明工程现场的自然条件、施工条件、施工技术要求及采用的技术规范等内容。

1. 工程现场的自然条件

工程现场的自然条件应说明工程所处的位置、现场环境、地形、地貌、地质与水文条件、地震烈度、气温、雨雪量、风向、风力等。

 特别提示

地震烈度表示地震对地表及工程建筑物影响的强弱程度。

2. 施工条件

施工条件应说明建设用地面积，建筑物占地面积，场地拆迁及平整情况，施工用水、用电、通信情况，现场地下埋设物及其有关勘察资料等。

3. 施工技术要求

施工技术要求应说明施工的工期、材料供应、技术质量标准有关规定，以及工程管理中对分包及各类工程的报告（如开工报告、测量报告、竣工报告、工程事故报告）等。

4. 采用的技术规范

我国建设项目的技术规范一般采用国际、国内公认的标准及施工图中规定的施工技术要求。技术规范是检验工程质量的标准和质量管理的依据，招标人对这部分文件的编制应特别重视。

 | **特别提示**

技术标准和要求必须由招标人根据工程的实际要求，自行决定其具体内容和格式，没有标准化的内容和格式可以套用。

（八）投标文件格式

投标文件格式主要是为投标人编制投标文件提供固定的格式和编排顺序，以规范投标文件的编制，同时便于评标委员会评标。

二、编制招标文件的注意事项

招标文件编制案例

编制招标文件时应当注意体现招标项目的特点和需要、明确投标人实质性响应的内容、防范违法和歧视性条款、保证文件格式与合同条款一致、确保语言文字规范简练等事项。

（一）体现招标项目的特点和需要

招标人应当根据招标项目的特点和需要编制招标文件。编制招标文件时，招标人必须认真阅读并研究有关设计和技术文件，了解招标项目的特点和需要，包括项目概况、性质、审批或核准情况、标段划分计划、资格审查方式、评标办法、发承包方式、合同计价类型、进度时间节点要求等，并将其充分反映在招标文件中。

（二）明确投标人实质性响应的内容

招标人应当在招标文件中明确规定需要投标人进行实质性响应的所有内容。例如，招标范围、工期、投标有效期、质量要求、技术标准和要求等内容，都应具体、清晰、无争议，避免使用含义模糊或容易产生歧义的词语。投标人必须完全按照招标文件的要求编写投标文件，如果投标人没有对招标文件的实质性要求和条件进行响应，或响应不完全，都可能导致投标人投标失败。

（三）防范违法和歧视性条款

编制招标文件时，必须熟悉招投标的有关法律法规，及时掌握最新规定和有关技术标准，坚持公平、公正、遵纪守法的原则。应严格防范招标文件中出现违法、歧视、倾向条款限制、排斥或保护潜在投标人的内容，公平合理地划分招标人和投标人的风险责任。招标人有下列行为之一的，属于以不合理条件限制、排斥潜在投标人。

（1）就同一招标项目向潜在投标人提供有差别的项目信息。

（2）设定的资格、技术、商务条件与招标项目的具体特点和实际需要不相适应或与合同履行无关。

（3）依法必须进行招标的项目以特定行政区域或特定行业的业绩、奖项作为加分条件或中标条件。

（4）对潜在投标人采取不同的资格审查或评标标准。

（5）限定或指定特定的专利、商标、品牌、原产地或供应商。

（6）依法必须进行招标的项目非法限定潜在投标人的所有制形式或组织形式。

（7）以其他不合理条件限制、排斥潜在投标人。

（四）保证文件格式与合同条款一致

编制招标文件时应保证文件格式与合同条款一致，从而保证招标文件逻辑清晰、表达准确，避免产生歧义和争议。

特别提示

招标文件合同条款部分若同时采用通用合同条款和专用合同条款的形式编制，正确的编写方式为："通用合同条款"全文引用，不得删改；"专用合同条款"按其条款编号和内容，根据工程实际情况进行修改和补充。

（五）确保语言文字规范简练

编制与审核招标文件应做到一丝不苟、认真细致。招标文件的语言文字应规范、准确、严谨、精炼、通顺，编制时应注意认真推敲。

特别提示

招标文件的商务部分与技术部分一般由不同人员编制，编制时应注意两者之间及各专业之间的相互结合与一致性，可以进行交叉校核，检查各部分之间是否有不协调、重复和矛盾的内容，以确保招标文件的质量。

（六）其他注意事项

1. 电子招标文件

招标人可以通过信息网络或其他媒介，发布电子招标文件。招标人应当明确规定电子招标文件与书面招标文件具有同等法律效力。当电子招标文件与书面招标文件不一致时，应以书面招标文件为准。

2．评标因素的规定

招标人应当明确规定评标时除价格以外的所有评标因素，以及如何将这些因素量化。在评标过程中，不得改变招标文件中规定的评标标准、方法和中标条件。

任务实施

通过本任务的学习，相信同学们已经知道了如何根据任务引入中的案例编写招标公告。

招标公告（未进行资格预审）
幸福路施工工程招标公告

1．招标条件

本招标项目幸福路施工工程已由该市发展和改革委员会以发改投标字（2024）第××号批准建设，项目业主为A市政府，建设资金来自政府投资和企业筹资，项目出资比例为政府投资30%，企业筹资70%，招标人为A市公路管理委员会。项目已具备招标条件，现对该项目的施工进行公开招标。

2．项目概况与招标范围

2.1 项目名称：幸福路施工工程。

2.2 工程地点：A市B区。

2.3 工程综述：幸福路长960 m、宽20 m，计划投资1 440万元。

2.4 计划工期：计划开工日期为2024年11月15日，计划竣工日期为2025年6月15日。

2.5 质量要求：达到国家质量检验与评定标准等级。

2.6 招标范围：工程量清单与施工图所列的全部项目内容。

3．投标人资格要求

3.1 本次招标要求投标人须具备市政工程施工总承包企业二级及以上资质，3年类似项目业绩，并在人员、设备、资金等方面具备相应的施工能力。

3.2 本次招标不接受联合体投标。

4．招标文件的获取

4.1 凡有意参加投标者，请于2024年8月6日至2024年8月16日（法定公休日、法定节假日除外），每日上午8时30分至11时30分，下午13时30分至16时30分（北京时间，下同），在A市××路1号楼第一会议室持单位介绍信购买招标文件。

4.2 招标文件每套售价600元，售后不退。图纸押金1 600元/套，在退还图纸时退还（不计利息）。

4.3 招标文件不接受邮购。

5．投标文件的递交

5.1 投标文件递交的截止时间为 <u>2024</u> 年 <u>9</u> 月 <u>10</u> 日 <u>9</u> 时 <u>00</u> 分，地点为 <u>A 市××路 1 号楼第一会议室</u>。

5.2 逾期送达的或未送达指定地点的投标文件，招标人不予受理。

6．发布公告的媒介

本次招标公告同时在<u>中国建设报、中国采购与招标网、省日报、市公共资源交易中心网站等平台</u>发布。

7．联系方式

招 标 人：	A 市公路管理委员会	招标代理机构：	
地 址：	A 市××路 1 号楼第一会议室	地 址：	
邮 编：	××	邮 编：	
联 系 人：	××	联 系 人：	
电 话：	××	电 话：	
传 真：	××	传 真：	
电子邮件：	××	电子邮件：	
网 址：	××	网 址：	
开户银行：	××	开户银行：	
账 号：	××	账 号：	

<u>2024</u> 年 <u>7</u> 月 <u>26</u> 日

任务三　编制招标标底与招标控制价

任务引入

某市政府计划在市区新建一座公园，该项目采用工程量清单计价法，招标控制价设置为 4 000 万元。招标控制价组成中提供了详细的分部分项工程量清单及报价表。某施工单位在规定的时间和地点购买了该招标文件，并根据工程量清单进行了初步报价，结果发现该施工单位若要完成招标范围内的全部工程，其成本价为 4 540 万元，在不加规费、税金和利润的情况下就已超过了招标控制价。通过逐项对比招标控制价和投标报价发现，该招标控制价的组价只考虑了常规的施工办法和套用了该市的消耗量定额，没有针对该工程具体的施工环境进行充分考虑，由此产生的组价是一个不符合实际情况的价格。该施工单位在规定的时间内就结合施工环境编制的投标报价，向招标人提出疑问，但是招标人坚持认为招标控制价没有问题，于是该施工单位放弃了该项目的投标。

思考
（1）什么是招标控制价？
（2）招标控制价的编制依据有哪些？
（3）上述案例中招标人设置的招标控制价不合理，继续招标可能会出现什么情况？

一、招标标底的编制

（一）标底概述

1．标底的概念

标底是招标人根据招标项目的具体情况，以及国家规定的计价依据和计价办法，编制的完成招标项目所需全部费用的额度。标底是招标人为了实现工程发包而提出的招标价格，是招标人对建设工程的期望价格，也是工程造价的表现形式之一。

《招标投标法》没有明确规定招标项目必须设置标底，招标人可根据招标项目的实际情况决定是否需要设置标底。一个招标项目只能有一个标底，标底必须保密。接受委托编制标底的招标代理机构不得参加受托编制标底项目的投标，也不得为该项目的投标人编制投标文件或提供咨询。

 特别提示

> 一般来讲，即使招标项目没有设置标底，招标人在招标时还是需要对招标项目所需的全部费用进行估算，确定一个基本价格底数，以便对各个投标报价的合理性做出正确判断。

2．标底的组成

标底主要由以下内容组成。

（1）标底的综合编制说明。

（2）标底审定书。

（3）标底计算书、带有价格的工程量清单、现场因素、各种施工措施费的测算明细及采用固定价格时的风险系数测算明细等。

（4）主要人工、材料、设备用量表。

（5）标底附件。例如，各项交底纪要，各种材料与设备的价格来源，现场的地质、水文、地上情况的有关资料，编制标底所依据的施工方案或施工组织设计等。

3．标底的作用

（1）标底可以为招标人对拟建工程应承担的财务义务明确预期价格。

（2）标底可以为上级主管部门提供核实拟建工程建设规模的依据。

（3）标底是衡量投标报价的准绳。招标人可以对比投标报价和标底，正确判断投标报价的合理性和可靠性。

特别提示

标底只能作为评标的参考，不得以投标报价是否接近标底作为中标条件，也不得以投标报价超过标底的上下浮动范围作为否决投标的条件。同时，应限制将标底与投标报价复合形成评标基准价，禁止将标底与评标打分紧密挂钩。

（二）标底的编制方法和依据

1．标底的编制方法

在建设工程实践中，标底的编制方法主要有工程量清单计价法和定额单价计价法。

1）工程量清单计价法

采用工程量清单计价法编制的标底由分部分项工程费、措施项目费、其他项目费、规费和税金组成。工程量清单计价法的单价主要采用的是综合单价。用综合单价编制标底时，要按照国家统一的工程量清单计价规范，计算工程量和编制工程量清单，再估算综合单价。确定综合单价之后，将其填入工程量清单中，再与各分部分项工程量相乘得到合价，各合价相加得到分部分项工程费，再计算措施项目费、其他项目费、规费和税金，汇总之后即可得到标底。

特别提示

《建筑工程施工发包与承包计价管理办法》第六条规定，全部使用国有资金投资或以国有资金投资为主的建筑工程，应当采用工程量清单计价；非国有资金投资的建筑工程，鼓励采用工程量清单计价。

2）定额单价计价法

首先根据施工图纸及技术说明，按照预算定额规定的分部分项工程项目，逐项计算出工程量，再套用综合预算定额单价（或单位估价表单价）来确定直接工程费。然后按照规定的费用定额确定其他直接费、间接费、计划利润和税金。最后加上材料价差调整及一定的不可预见费，汇总之后得到的预算结果即为标底。

2．标底的编制依据

标底的编制依据主要有以下几个方面。

（1）国家有关法律法规及国务院、省、自治区、直辖市人民政府建设行政主管部门编制的有关工程造价的文件和规定。

（2）招标文件中有关计价依据和计价办法的条款。

（3）招标项目施工图纸、工程量计算规则。

（4）招标项目施工现场地质和水文勘察资料，现场环境和条件及反映相应情况的有关资料。

（5）招标项目采用的施工组织设计、施工方案、施工技术措施等。

（6）现行的工程定额、工期定额、工程项目计价类别与取费标准，以及国家或地方有关价格调整的文件规定。

（7）招标时权威机构对市场价格预测的资料及建筑安装材料与设备的市场价格。

（三）编制标底的注意事项

编制一个合理、可靠的标底，还必须在收集和分析各种资料的基础上考虑以下因素。

（1）标底应满足目标工期的要求，对提前工期所采取的措施应按提前工期天数给出必要的赶工费和奖励，并列入标底。

（2）标底应满足招标人的质量要求，对高于国家施工及验收规范的质量因素有所反映。

（3）标底应适应建筑材料采购渠道和市场价格的变化，考虑材料涨价因素，并将风险因素列入标底。标底与报价计算的口径要一致。

（4）标底应考虑招标项目的自然地理条件和招标工程范围等因素，将由于这些因素导致的施工不利而增加的费用计入标底。

（5）招标人应选择先进的施工方案计算标底，并根据招标文件规定的工程发承包方式，确定相应的计价方式，考虑相应的风险费用。

特别提示

标底编制完成后，应密封报送招投标管理机构审查，未经审查的标底一律无效，审查后应及时妥善封存直至开标。所有接触过标底的人员均有保密责任，不得泄露。

（四）标底的审查

为了保证标底的准确和严谨，必须加强对标底的审查。标底审查的主要内容如下。

➢ **标底计价依据：**承包范围、招标文件规定的计价办法及招标文件的其他有关条款。

➢ **标底组成内容：**工程量清单及其单价组成，有关文件规定的取费、调价规定及税金，主要材料与设备的所需数量等。

➢ **标底有关费用：**人工、材料、设备台班的市场价格，措施费、不可预见费，所测算的在施工周期内人工、材料、设备台班价格的波动风险系数等。

特别提示

取费是指计取工程直接费以外的其他费用，如管理费、规费和利润等。取费的计算以费率的形式进行，这些费率都有规定的计算准则。

台班作为工程中的常用单位，是表示机器设备单位时间利用情况的一种复合计量单位。

二、招标控制价的编制

（一）招标控制价概述

1. 招标控制价的概念

招标控制价是指招标人根据国家或省级、行业建设主管部门颁发的有关计价依据和计价办法，以及拟订的招标文件和招标工程量清单，结合工程具体情况编制的招标项目的最高投标限价。招标控制价应由具有编制能力的招标人或受其委托具有相应资质的工程造价咨询机构编制和复核。

 特别提示

工程造价咨询机构接受招标人委托编制招标控制价的，不得再就同一工程接受投标人委托编制投标报价。

2. 招标控制价的组成

招标控制价由分部分项工程费、措施项目费、其他项目费、规费和税金五部分组成。

➢ 分部分项工程费：完成施工图纸、设计交底及会审纪要等资料中确定的分部分项工程内容所需的费用。分部分项工程费主要包括人工费、材料费、设备使用费、管理费、利润及风险费等。

➢ 措施项目费：完成工程项目施工时，发生于该工程项目施工准备和施工过程中的费用。措施项目费主要包括技术、生活、安全、环境保护等方面的费用。

➢ 其他项目费：工程项目施工中除分部分项工程费和措施项目费以外，还可能发生其他项目费。其他项目费主要包括暂列金额、暂估价、计日工、总承包服务费等方面的费用。

➢ 规费：根据国家法律法规规定，由省级政府或省级有关权力部门规定施工企业必须缴纳的费用。规费主要包括养老保险费、失业保险费、医疗保险费、工伤保险费、生育保险费、住房公积金、工程排污费等。

➢ 税金：建设工程施工过程中，按照国家税法规定需要缴纳的费用。税金主要包括营业税、城市维护建设税、教育费附加等。

3．招标控制价的作用

招标控制价的作用主要包括以下几个方面。

（1）招标控制价可以帮助招标人有效控制项目投资，防止恶性投标带来的投资风险。

（2）招标控制价可以增强招标过程的透明度，有利于正确评标。

（3）招标控制价有利于引导投标人投标报价，避免投标人在无标底情况下无序竞争。

（4）招标控制价可以为工程变更新增项目确定单价提供计算依据。

（5）招标控制价可以作为评标的参考依据，避免出现较大偏离。

（二）招标控制价的适用原则

招标控制价的适用原则主要有以下三个方面。

（1）国有资金投资的建设工程招标，招标人必须编制招标控制价。

（2）当招标控制价超过批准的概算时，招标人应将其报原概算审批部门审核。

（3）投标人的投标报价高于招标控制价的，其投标应予以拒绝。

（三）招标控制价的编制依据和步骤

1．招标控制价的编制依据

招标控制价的编制依据主要有以下几个方面。

（1）《建设工程工程量清单计价规范》中有关计价依据和计价办法的条款。

编制招标控制价
需注意什么

（2）国家或省级、行业建设主管部门颁发的计价定额和计价办法。

（3）建设工程设计文件及有关资料。

（4）招标人拟订的招标文件及招标工程量清单。

（5）与建设项目有关的标准、规范、技术资料。

（6）施工现场情况、工程特点及常规施工方案。

（7）工程造价管理机构发布的工程造价信息，当工程造价信息没有发布时，参照市场价。

2．招标控制价的编制步骤

招标控制价编制单位按工程量清单计算组价项目，并根据项目特点进行单价综合分析，然后按市场价格、取费标准、取费程序及其他条件计算综合单价，用综合单价和相应的量相乘计算项目合价，再合计出分部分项工程费，接着分别进行措施项目清单计价、其他项目清单计价、规费和税金计算，最后汇总成招标控制价。

（四）招标控制价的公示

招标人设有招标控制价的，应当在招标文件中明确招标控制价的计算方法。招标人不得规定最低投标限价。招标人应在发布招标文件时公布招标控制价，同时应将招标控制价及有关资料报送工程所在地或有该工程管辖权的行业管理部门工程造价管理机构备查。

课堂互动

同学们认为招标控制价是越高越好，还是越低越好呢？

（五）招标控制价与标底的区别

招标控制价与标底的区别如下。

（1）招标控制价是事先公布的最高投标限价，投标报价不会高于它；标底是密封的，开标唱标后才能公布，投标报价、中标价都有可能高过它。

（2）招标控制价只起到最高投标限价的作用，并不参与评标，也不在评标中占有权重，只是一个对具体建设工程项目工程造价的参考；标底一般参与评标，在投标过程中占有权重，甚至能够对投标人是否可以中标产生影响。

（3）评标时，投标报价不能超过招标控制价，否则该次投标为废标。标底是招标人期望的投标报价，投标报价越接近标底越有可能中标。

当所有的竞标价格过分低于标底或过分高于标底时，招标人可以宣布全部投标文件为废标，且不用承担责任。但过分低于标底的情况在实际建设工程中几乎不会出现。

任务实施

通过本任务的学习，相信同学们已经找到了任务引入中问题的答案。

（1）招标控制价是指招标人根据国家或省级、行业建设主管部门颁发的有关计价依据和计价办法，以及拟订的招标文件和招标工程量清单，结合工程具体情况编制的招标项目的最高投标限价。

（2）招标控制价的编制依据主要有以下几个方面。

① 《建设工程工程量清单计价规范》中有关计价依据和计价办法的条款。

② 国家或省级、行业建设主管部门颁发的计价定额和计价办法。

③ 建设工程设计文件及有关资料。

④ 拟订的招标文件及招标工程量清单。

⑤ 与建设项目有关的标准、规范、技术资料。

⑥ 施工现场情况、工程特点及常规施工方案。

⑦ 工程造价管理机构发布的工程造价信息,当工程造价信息没有发布时,参照市场价。

(3)案例中,招标人设置的招标控制价不合理,可能出现以下三种情况。

① 无人投标情况,因为投标人按招标人设置的招标控制价投标将无利可图,不按招标控制价投标又会成为无效投标。

② 投标人能够提出低于招标控制价的报价,因为其实力雄厚,管理先进,确实能够以较其他投标人低得多的成本建设该项目。

③ 投标人能够提出低于招标控制价的报价,但投标人并无明显的优势,而是恶性低价抢标,最终导致工程质量不能满足招标人的要求,或中标后在施工过程中以变更、索赔等方式弥补成本。

传承工匠精神　打造精品工程

作为一名基层单位负责人,石师傅爱岗敬业,作风务实,理论知识和实践经验丰富,在企业、行业科技开发和施工管理等方面作出了突出贡献。石师傅自担任某公司第二工程队队长以来,面对在建项目点多、面广、管理跨度大、组织协调困难等情况,大力推行工程项目精细化管理和安全质量标准化建设。

石师傅始终致力于科技创新,主动学习行业先进经验,确保施工技术水平紧跟行业发展脚步不掉队。研发中心项目是公司自主开发的超高层项目,对第二工程队来讲是一个前所未有的新挑战。石师傅接到任务后,深感责任重大,特别是研发中心施工进入装修的关键阶段后,他夜以继日地扑在施工现场,由于专业队伍多,协调难度大,每日不间断的沟通、部署,使他患上了声带息肉,但他仍坚持工作,直到嗓子嘶哑不能发声,才到医院做手术。手术后仅仅打了一天的点滴,石师傅又跑到工地,开始了忙碌的工作,至今他的嗓子都不能高声说话。

参加工作以来,石师傅将心思全部扑在了工作上。由分公司承建的某机车厂住宅项目工期紧、任务重,他立刻踏上了去往工作地点的列车,这一去就是整整一年。工作之余与女儿通电话时,女儿最后一句总是,"爸爸,有时间到家里来玩",他既无奈又心酸。当项目结束时,看到住户高高兴兴地搬进了新家,他认为这一年再苦再累也值了。回家见到女儿的那一刻,这个铁骨铮铮的汉子流下了愧疚的泪水。

从业以来,石师傅始终忠于职守、爱岗敬业,团结带领第二工程队全体干部职工在各项工作中名列前茅,取得了显著成绩。如今,他正朝着公司"双百亿"的目标做好自己的每一件事,为助力公司的发展迈出更坚实的步伐。

(资料来源:张浩,《石建彬:传承工匠精神　打造精品工程》,
中国建设报,2020年5月8日)

项目实训 ——编制建设工程招标文件

1. 实训目的

通过实际编制建设工程施工招标文件，让学生系统、综合地运用所学的建设工程招标基础知识，加深、巩固学生对所学知识的理解，培养学生在建设工程施工招标工作中的实际操作能力。

2. 实训背景

现有 A 市某小学教学楼屋面防水修缮工程项目，该项目由该市有关部门批准建设，建设资金来自财政资金，采用资格后审方式确定合格投标人。招标人为 A 市教育资产管理服务中心，工期要求为 35 天。计划 2022 年 7 月 15 日开工，2022 年 8 月 18 日竣工。项目招标控制价为 496 718.2 元。招标范围为 A 市某小学教学楼屋面防水修缮工程图纸、工程量清单及有关文件所示全部内容。对投标人的资格要求为建设行政主管部门核发的建筑工程施工总承包企业三级（含）以上资质，并在人员、设备、资金等方面具有相应的施工能力，不接受联合体投标，有 3 年类似项目业绩。根据本项目所学的知识及《标准施工招标文件》范本，针对上述实训背景编制招标文件。

3. 实训内容

指导教师要求学生以小组为单位，针对上述实训背景，按照以下程序及《标准施工招标文件》范本编制招标文件。

（1）确定招标项目。确定招标项目的名称、规模、工期、地点及招标范围等基本信息。

（2）确定招标文件编制计划。确定招标文件编制的时间安排、责任人分工、所需资料等方面的内容。

（3）收集招标项目资料。收集招标项目的设计文件、施工图纸、技术要求、合同范本等，了解有关法律法规的要求，以及招标文件编制的规范和标准。

A 市某小学教学楼屋面防水修缮工程招标文件

（4）编制招标文件。根据上述案例及《标准施工招标文件》范本，编制招标公告、投标人须知、评标办法、合同条款及格式、工程量清单、图纸、技术标准和要求、投标文件格式等内容。根据本招标项目的知识内容，应重点编写招标文件中的招标公告和投标人须知部分。

（5）模拟招标文件的审批和发布。招标文件编制完成后，应先报有关部门审查；审查通过后，再进行公开发布。

项目思维导图

项目综合考核

1．填空题

（1）根据《招标投标法》第十条规定，招标分为＿＿＿＿＿＿和＿＿＿＿＿＿两种方式。

（2）公开招标是指招标人以＿＿＿＿＿＿的方式邀请不特定的法人或者其他组织投标。

（3）邀请招标是指招标人以＿＿＿＿＿＿＿＿的方式邀请特定的法人或者其他组织投标。

（4）邀请招标时，招标人应向＿＿＿＿＿个以上具备承担招标项目的能力、资信良好的特定法人或者其他组织发出招标邀请书。

（5）在依法必须进行招标的工程范围内，对于重要设备、材料等货物的采购，单项合同估算价在＿＿＿＿＿万元人民币以上的，必须进行招标。

（6）依法必须进行招标的项目，招标文件的发放期不得少于＿＿＿＿＿日。

（7）资格审查有＿＿＿＿＿＿＿＿和＿＿＿＿＿＿＿＿两种。

（8）招标申请被批准后，对依法必须进行招标的项目，招标人应当按照法律法规的规定编制招标用文件，包括＿＿＿＿＿＿＿＿和＿＿＿＿＿＿＿＿。

（9）资格预审的办法有＿＿＿＿＿＿＿＿和＿＿＿＿＿＿＿＿两种方式。

（10）资格预审的程序依次为＿＿＿＿＿＿＿＿、＿＿＿＿＿＿＿＿、＿＿＿＿＿＿＿＿、＿＿＿＿＿＿＿＿、＿＿＿＿＿＿＿＿。

（11）实际参加资格预审或通过资格预审的申请人数量不足＿＿＿＿＿个的，招标人应重新组织资格预审或不再组织资格预审而直接招标。

（12）重新招标后投标人仍少于＿＿＿＿＿个或所有投标被否决的，属于必须审批或核准的工程建设项目，经原审批或核准部门批准后不再进行招标。

（13）评标办法包括＿＿＿＿＿＿＿＿和＿＿＿＿＿＿＿＿。

（14）招标控制价由＿＿＿＿＿、＿＿＿＿＿、＿＿＿＿＿、＿＿＿＿＿和＿＿＿＿＿五部分组成。

2．选择题

（1）在依法必须进行招标的工程范围内，对于勘察、设计、监理等服务的采购，单项合同估算价在（　　）万元人民币以上的，必须进行招标。

　　A．50　　　　　B．100　　　　　C．150　　　　　D．200

（2）依法必须进行招标的项目经批准后，招标人具备自行招标能力的，按规定向有关行政监督部门（　　）同意后，可以自行办理招标事宜。

　　A．申请　　　　B．通报　　　　C．备案　　　　D．报批

（3）下列关于建设工程公开招标的部分程序中，排序正确的是（　　　）。

　　① 工程建设项目报建；② 审查招标人资质；③ 发放招标文件；④ 编制与送审招标用文件；⑤ 签订合同；⑥ 开标、评标、定标。

　　A．④①②③⑥⑤　　　　　　　　B．①②④③⑥⑤

　　C．①④③②⑥⑤　　　　　　　　D．④③①②⑥⑤

（4）招标人和中标人应当自中标通知书发出之日起（　　　）日内，按照招标文件和中标人的投标文件，正式签订书面合同。

　　A．20　　　　　　B．15　　　　　　C．25　　　　　　D．30

（5）如果招标文件的澄清或修改时间距投标截止时间不足（　　　）日，那么需要相应延长投标截止时间。

　　A．15　　　　　　B．20　　　　　　C．25　　　　　　D．30

（6）投标有效期是指（　　　）。

　　A．招标文件保持有效的期限

　　B．投标文件保持有效的期限

　　C．从获取招标文件起至递交投标文件止的那段时间

　　D．从投标截止日起至公布中标者之日止的那段时间

（7）当资格预审文件与资格预审文件的澄清或修改在同一内容的表述上不一致时，以（　　　）为准。

　　A．最后发出的书面文件

　　B．资格预审文件

　　C．资格预审文件的澄清或修改

　　D．资格预审公告

（8）招标公告适用于尚未进行资格预审的公开招标，主要内容不包括（　　　）。

　　A．招标条件　　　　　　　　　　B．项目概况与招标范围

　　C．发布公告的媒介　　　　　　　D．资格预审文件的获取

（9）根据《标准施工招标文件》，评标办法应在（　　　）中明确规定。

　　A．招标文件　　　　　　　　　　B．招标公告

　　C．资格预审文件　　　　　　　　D．资格预审公告

（10）下列关于标底的设置和作用说法正确的是（　　　）。

　　A．标底应当在招标文件中明确规定并事先公布

　　B．应当将投标报价是否接近标底作为中标条件

　　C．标底只能作为评标的参考

　　D．评标基准价的设置应当以标底的上下浮动范围为依据

（11）标底是建设工程的（   ）。

    A．招标合同价格   B．中标合同价格

    C．施工结算价格   D．招标期望价格

（12）下列情况中，无须推迟投标截止时间的是（   ）。

    A．工程招标设计图纸变更，在投标截止时间前第 12 日发放新的图纸

    B．工程量清单发生变化，在投标截止时间前第 13 日修改并发放新的工程量清单

    C．开标地点由市交易中心 2 号四层会议室改为 1 号楼一层多功能厅，在投标截止时间前第 3 日通知

    D．在已发放的补充的招标文件中又发现合同技术条款错误，在投标截止时间前第 3 日更正并发放新的合同技术条款

（13）建设工程公开招标进行资格预审时，不能作为资格预审内容的是（   ）。

    A．投标人的企业资质是否满足招标工程的要求

    B．投标人是否有与招标工程同规模工程的施工经历

    C．投标人是否在项目所在地区有过承包工程的经历

    D．投标人自有施工机具的拥有量能否满足招标工程的施工需要

3．简答题

（1）自行招标时，招标人应符合什么条件？

（2）简述建设工程公开招标与邀请招标的优缺点。

（3）简述建设工程可以不进行招标的范围。

（4）简述资格预审与资格后审的定义。

（5）编制招标文件的注意事项有哪些？

（6）简述招标控制价的作用。

（7）简述招标控制价与标底的区别。

4．案例分析题

（1）某工程采用公开招标方式，招标人按规定发布了招标公告并发放了招标文件，共有甲、乙、丙、丁四家企业购买了招标文件。四家企业均在投标文件规定的投标截止日期前递交了投标文件。开标时，投标人丁因其投标文件没有按照招标文件规定的装订要求装订，而被招标代理机构宣布为无效投标。经评审，评标委员会确定投标人甲为中标人。评标委员会向中标人和其他投标人分别发出中标通知书和中标结果通知。

问题：指出该工程在招标过程中的不妥之处，并说明理由。

（2）××国有公司拟全额利用自有资金新建机场航站楼，建设地点为××市××区××路 8 号。该工程为单体建筑，地下 4 层，地上 4 层，工程建筑面积约 160 000 m²，计划投资 9 900 万元。该市发改委批准建设，批准编号为发改投标字（2023）第××号，批准的施工招标方式为邀请招标。计划开工日期为 2023 年 11 月 15 日，竣工日期为 2025 年

6月15日。招标文件计划于2023年7月6日至2023年7月16日（法定公休日、法定节假日除外），每日上午9时30分至11时30分，下午13时30分至17时30分（北京时间，下同），在××市××区××路2号楼206发放招标文件，招标文件售价800元/套，图纸押金1600元/套，为避免文件传递出现差错，所有文件往来均不接受邮寄。2023年9月1日上午9时00分投标截止，投标文件递交地点为××市××区××路2号楼206。要求投标人具有房屋建筑工程施工总承包企业一级资质，3年类似项目业绩，不接受联合体投标，采用资格后审的审查方法。

问题：

① 依法必须进行招标的工程项目，其招标条件是什么？

② 针对本项目的条件与要求，编写一份向××建筑公司邀请施工总承包的投标邀请书。

项目综合评价

指导教师根据学生实际学习成果进行评价，学生配合指导教师完成如表 2-7 所示的学习成果评价表。

表 2-7　学习成果评价表

班级		组号		日期	
姓名		学号		指导教师	
项目名称		建设工程招标			
项目评价	评价内容			满分/分	评分/分
知识（40%）	理解建设工程招标的条件与组织形式			5	
	熟悉建设工程招标的方式与范围			5	
	掌握建设工程招标的程序			5	
	熟悉建设工程招标的资格审查			5	
	熟悉招标文件的主要内容			5	
	了解编制招标文件的注意事项			5	
	理解招标标底的编制方法			5	
	理解招标控制价的编制方法			5	
技能（40%）	能够根据建设工程项目特点，选定招标方式			10	
	能够编制招标资格预审文件			10	
	能够进行简单招标文件的编制			10	
	能够编制招标标底与招标控制价			10	
素养（20%）	积极参加教学活动，主动学习、思考、讨论			5	
	逻辑清晰，准确理解和分析问题			5	
	认真负责，按时完成学习、实践任务			5	
	团结协作，与组员之间密切配合			5	
合计				100	
自我评价					
指导教师评价					

项目三

建设工程投标

项目导读

　　建设工程投标是建筑企业获得建设工程施工权的主要途径，是建筑企业经营决策的重要组成部分，也是建筑企业针对招标项目，力求实现决策最优化的活动。

　　本项目主要介绍建设工程投标的基础知识、投标文件及投标报价的编制等。

项目要求

》 知识目标

（1）掌握投标人条件。

（2）理解投标禁令。

（3）熟悉投标的程序。

（4）熟悉投标文件的组成与编制。

（5）理解投标报价的概念与原则。

（6）熟悉投标报价的编制依据与编制程序。

（7）掌握投标报价的方法。

》 技能目标

（1）能够编制投标文件。

（2）能够根据招标项目特点，选定投标报价方法。

》 素质目标

（1）培养学生发现问题、解决问题的能力。

（2）养成踏实敬业、精益求精的工作态度。

项目工单

1．项目描述

本项目以学生小组共同分析投标文件的形式，引导学生对本项目的知识内容进行课前预习、课堂学习及课后巩固，从而帮助学生更好地理解和掌握建设工程投标的有关知识。指导教师需要准备一份完整的投标文件，并指导学生以小组为单位分析该投标文件的主要内容与关键信息。

2．小组分工

以 3～5 人为一组，选出组长并进行分工，将小组成员及分工情况填入表 3-1 中。

表 3-1　小组成员及分工情况

班级：　　　　　　　　　　组号：　　　　　　　　　　指导教师：

小组成员	姓名	学号	分工
组长			
组员			

3．小组讨论

在开展活动前，请各组组长组织组员学习有关资料，讨论下列引导问题。

引导问题 1：投标人应当具备哪些资格条件？

引导问题 2：投标的程序是什么？

引导问题 3：投标文件主要包括哪些内容？

引导问题 4：投标报价的方法有哪些？

4. 制订计划

根据小组分工，每人制订一份学习计划，并在组内进行阐述。组员之间进行提问与答疑，选出最佳的学习计划，并将其填写在表 3-2 中。

表 3-2　学习计划

序号	学习内容	负责人
1		
2		
3		
4		
5		
6		

5. 学习记录

按照本组选出的最佳学习计划进行有关知识的学习，并对指导教师准备的投标文件进行分析，将其主要内容的关键信息和分析过程中遇到的问题及其解决方法记录在表 3-3 中。

表 3-3　学习记录表

班级：　　　　　　　　　组号：

序号	投标文件的主要内容	关键信息	分析过程中遇到的问题及其解决方法
1	投标函及投标函附录		
2	法定代表人身份证明或附有法定代表人身份证明的授权委托书		
3	联合体协议书		
4	投标保证金		
5	已标价工程量清单		
6	施工组织设计		
7	项目管理机构		
8	拟分包项目情况表		
9	资格审查资料		

 **任务一　认识建设工程投标**

 任务引入

　　某房地产公司计划在 A 市开发某住宅项目，采用公开招标的形式招标。有甲、乙、丙、丁 4 家建筑施工公司购买了招标文件及有关资料。招标文件中规定 6 月 20 日 14 时 30 分为投标文件接收截止时间。甲、乙、丙、丁 4 家投标公司都在截止日期当天按时将投标文件送达。此外，甲建筑施工公司还在当天 14 时 25 分向招标人递交了一份投标价格下降 4%的书面说明。

思考　　（1）甲建筑施工公司向招标人递交的书面说明是否有效？
　　（2）该项目的投标工作应包括哪些程序？

一、投标人条件

　　投标是投标人按照招标文件的要求，在规定期限内编制并提交投标文件的过程。投标是投标人获取建设工程施工权的主要手段，是响应招标、参与竞标的一种法律行为。投标人一旦中标，施工合同即成立，投标人作为承包人应当按照施工合同的要求完成建设工程施工任务，否则需要承担相应的经济和法律责任。

（一）投标人资格条件

　　投标人是响应招标、参与竞标的法人或者其他组织。投标人应当具备承担招标项目的能力，符合国家和招标文件对投标人资格条件的规定。具体如下。
　　（1）投标人具备招标文件要求的资质证书，并为独立的法人实体。
　　（2）投标人承担过类似建设工程的有关工作，并有良好的工作业绩和履约记录。
　　（3）投标人最近三年没有骗取中标、严重违约及重大工程质量问题。
　　（4）投标人财产状况良好，没有处于被责令停业、投标资格被取消、财产被接管或者冻结、破产等状态。
　　（5）投标人符合国家规定的其他资格条件。

（二）对投标人的有关要求

　　在建设工程投标过程中，对投标人的有关要求主要有以下几方面。
　　（1）投标人应当按照招标文件的要求编制投标文件。投标文件应当对招标文件提出的实质性要求和条件进行响应。

（2）投标人应当在招标文件要求的提交投标文件截止时间前，将投标文件送达投标地点。

（3）投标人在招标文件要求的提交投标文件截止时间前，可以修改或者撤回已提交的投标文件，并书面通知招标人。修改的内容为投标文件的组成部分。

（4）投标人根据招标文件载明的项目实际情况，拟在中标后将中标项目的部分（非主体、非关键性工作）进行分包的，应当在投标文件中载明。

（三）联合体投标

联合体投标是一种特殊的投标人组织形式，一般适用于大型的或者结构复杂的建筑工程。下面从联合体各方的资质条件、联合体协议书和联合体各方的责任三个方面介绍联合体投标。

1. 联合体各方的资质条件

根据《招标投标法》第三十一条规定，联合体各方的资质条件应满足以下要求。

（1）联合体各方均应当具备承担招标项目的相应能力。

（2）国家有关规定或者招标文件对投标人资格条件有规定的，联合体各方均应当具备规定的相应资格条件。

（3）由同一专业的单位组成的联合体，按照资质等级较低的单位确定资质等级。

2. 联合体协议书

为了规范投标联合体各方的权利和义务，联合体各方应当签订联合体协议书（共同投标协议），明确约定各方拟承担的工作和责任，并将联合体协议书连同投标文件一并提交招标人。

联合体协议书示例

联合体协议书中约定了组成联合体的各成员单位在联合体中所承担的工作范围，这个范围的确定也为建设单位判断该成员单位是否具备"相应的资格条件"提供了依据。联合体协议书中还约定了组成联合体的各成员单位在联合体中所承担的相应责任，为将来可能引发的内部纠纷提供了必要的解决依据。

3. 联合体各方的责任

联合体各方的责任包括履行联合体协议书中约定的责任、就中标项目承担连带责任、不得重复投标、不得随意改变联合体的组成、必须指定联合体牵头人。

1）履行联合体协议书中约定的责任

联合体协议书中约定了联合体中各方应该承担的责任，各成员单位必须按照该协议书中的约定认真履行义务，否则将承担违约责任。

2）就中标项目承担连带责任

联合体中标的，联合体各方应当共同与招标人签订合同，就中标项目承担连带责任。如果联合体中的一个成员单位没能按照合同约定履行义务，招标人可以要求联合体中任何一个成员单位承担不超过总债务的任何比例的债务，该单位不得拒绝。该成员单位承担了被要求的责任后，有权向其他成员单位追偿其按照联合体协议书不应当承担的债务。

3）不得重复投标

联合体各方签订联合体协议书后，不得再以个人名义单独投标，也不得组成新的联合体或者参加其他联合体在同一项目中的投标。

4）不得随意改变联合体的组成

联合体参加资格预审并通过的，其组成的任何变化，如联合体增减、更换成员等，都必须在提交投标文件截止之日前征得招标人同意。如果变化后的联合体能力和资质等级降低，即含有事先未经过资格预审或者资格预审不合格的法人或者其他组织，或者使联合体的资质降到资格预审文件中规定的最低标准以下，那么投标无效。

5）必须指定联合体牵头人

联合体各方必须指定牵头人，授权其代表所有联合体成员负责投标和合同实施阶段的主办、协调工作，并应当向招标人提交由所有联合体成员法定代表人签署的授权书。

联合体投标的，应当以联合体各方或者联合体牵头人的名义提交投标保证金。以联合体牵头人名义提交的投标保证金，对联合体各成员均具有法律约束力。

 特别提示

招标人不得强制投标人组成联合体共同投标，不得限制投标人之间的竞争。

案例分析

【案例】某建设工程招标项目接受联合体投标，要求投标人具有地基基础工程专业承包企业一级和公路路面工程专业承包企业二级施工资质。有两个联合体参加了投标，其中一个联合体由甲、乙、丙三家公司组成，这三家公司的资质情况如下。

甲公司：具有地基基础工程专业承包企业一级和公路路面工程专业承包企业三级施工资质。

乙公司：具有地基基础工程专业承包企业二级和公路路面工程专业承包企业二级施工资质。

丙公司：具有地基基础工程专业承包企业二级和公路路面工程专业承包企业三级施工资质。

在该联合体成员共同签订的联合体协议书中，甲公司承担地基基础施工，乙公司、丙公司承担公路路面施工。小李和小王了解到该案例的有关情况后，对该联合体是否满足本项目的资质要求观点不一致。

小李认为，该联合体满足本项目的资质要求，因为联合体成员中，包括具有地基基础工程专业承包企业一级施工资质的甲公司和公路路面工程专业承包企业二级施工资质的乙公司。

小王认为，该联合体不满足本项目的资质要求，因为该联合体的资质等级为地基基础工程专业承包企业二级和公路路面工程专业承包企业三级。

【问题】分析上述两种观点是否正确，说明理由，并确定该联合体的资质。

【分析】小李的观点错误，小王的观点正确，该联合体不满足本项目的资质要求。《招标投标法》第三十一条明确规定，联合体各方均应当具备规定的相应资格条件，由同一专业的单位组成的联合体，按照资质等级较低的单位确定资质等级。在本案中，联合体成员甲、乙、丙三家公司均不能同时满足地基基础工程专业承包企业一级和公路路面工程专业承包企业二级施工资质，但均具有地基基础和公路路面工程专业资质，因此按照该条规定，该联合体的资质等级应为地基基础工程专业承包企业二级和公路路面工程专业承包企业三级，不满足本项目的资质要求。

二、投标禁令

投标禁令指的是，在建设工程投标活动中，禁止投标人相互串通投标，禁止投标人与招标人串通投标，投标人不得以低于成本的投标报价竞标，投标人不得以弄虚作假的方式骗取中标。

（一）禁止投标人相互串通投标

投标人不得相互串通投标报价，排挤其他投标人的公平竞争，损害招标人或者其他投标人的合法权益。

有下列情形之一的，属于投标人相互串通投标。

（1）投标人之间协商投标报价等投标文件的实质性内容。

（2）投标人之间约定中标人。

（3）投标人之间约定部分投标人放弃投标或者中标。

（4）属于同一集团、协会、商会等组织成员的投标人按照该组织要求协同投标。

（5）投标人之间为谋取中标或者排斥特定投标人而采取的其他联合行动。

有下列情形之一的，视为投标人相互串通投标。

（1）不同投标人的投标文件由同一单位或者个人编制。

笔记

（2）不同投标人委托同一单位或者个人办理投标事宜。

（3）不同投标人的投标文件载明的项目管理成员为同一人。

（4）不同投标人的投标文件异常一致或者投标报价呈规律性差异。

（5）不同投标人的投标文件相互混装。

（6）不同投标人的投标保证金从同一单位或者个人的账户转出。

（二）禁止投标人与招标人串通投标

投标人不得与招标人串通投标，损害国家利益、社会公共利益或者他人的合法权益。投标人不得向招标人或者评标委员会成员行贿来谋取中标。有下列情形之一的，属于投标人与招标人串通投标。

（1）招标人在开标前开启投标文件并将有关信息泄露给其他投标人。

（2）招标人直接或者间接向投标人泄露标底、评标委员会成员等信息。

（3）招标人明示或者暗示投标人压低或者抬高投标报价。

（4）招标人授意投标人撤换、修改投标文件。

（5）招标人明示或者暗示投标人为特定投标人中标提供方便。

（6）招标人与投标人为谋求特定投标人中标而采取的其他串通行为。

（三）投标人不得以低于成本的投标报价竞标

以低于成本的投标报价竞标属于不正当竞争行为，容易导致施工过程中偷工减料，影响建设工程质量。因此，投标人不得为了中标，以低于成本的投标报价竞标。

（四）投标人不得以弄虚作假的方式骗取中标

投标人不得以他人名义投标，也不得以其他方式弄虚作假骗取中标。投标人有下列情形之一的，属于以弄虚作假的方式骗取中标。

（1）使用通过受让或者租借等方式获取的资格、资质证书。

（2）使用伪造、变造的许可证件。

（3）提供虚假的财务状况或者业绩。

（4）提供虚假的项目负责人或者主要技术人员简历、劳动关系证明。

（5）提供虚假的信用状况。

（6）其他弄虚作假的行为。

三、投标的程序

建设工程投标的程序是指在建设工程投标活动中，按照一定的时间、空间顺序运作的步骤。投标的工作程序如图 3-1 所示。

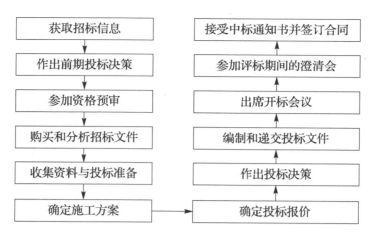

图 3-1　投标的工作程序

（一）获取招标信息

及时获取准确的招标信息是投标前期的首要任务。随着建筑市场竞争的日益激烈，招标信息的获取也关系到投标人的生存和发展，招标信息竞争也成为投标人竞争的焦点。获取招标信息的主要途径如下。

（1）通过有形建筑市场、报刊、信息网络或者其他媒介，主动获取招标信息。

（2）跟踪大型企业新建、扩建和改建项目，获取招标信息。

（3）经常派业务人员深入政府有关部门、企事业单位，进行广泛联系，通过公共关系获取招标信息。

获取招标信息的途径

（4）取得老客户的信任，从而承接后续工程。

（二）作出前期投标决策

投标人通过各种渠道，收集到大量招标信息，且证实招标信息真实可靠后，不可能对每个招标项目都进行投标。因此应通过了解承包市场情况、招标人的信誉与实力等，分析企业自身情况和潜在竞争对手情况，作出前期投标决策。

（三）参加资格预审

资格预审是投标人投标过程中要通过的第一关。在这个过程中，投标申请人应根据资格预审文件，积极准备和提供有关资料，并做好信息跟踪工作，发现不足之处，应及时补送，争取通过资格预审。

特别提示

投标人除向招标人递交资格预审申请文件外，还可以通过其他辅助方式，如发送企业宣传的印刷品，邀请招标人参观企业承建的工程等，使招标人对投标企业的实力及情况有更多的了解。

（四）购买和分析招标文件

1. 购买招标文件

投标人在通过资格预审后，如果决定参加投标，就应按招标人规定的时间和地点购买招标文件。购买招标文件时，投标人应按招标文件的要求提交投标担保、图纸押金等。

2. 分析招标文件

招标文件是招标人对投标人的要约邀请，几乎包含了全部的合同文件，是投标人编制实施方案和报价的依据，也是双方商谈的基础。所以，投标人购买招标文件后，应仔细分析招标文件。

投标人获得招标文件之后，应先对照招标文件的目录，检查文件是否齐全，是否有缺损页；然后对照图纸目录，检查图纸是否齐全。分析招标文件时，主要应从以下几个方面进行全面分析。

（1）分析工程的综合说明，借以获得工程全貌的轮廓。

（2）分析投标人须知，掌握招标条件、招标过程、评标规则及其他各项要求，了解投标风险，确定投标策略。

（3）分析工程技术文件，熟悉并详细研究设计图纸、技术说明书、特殊要求、质量标准等。在此基础上做好施工组织和计划，确定劳动力安排，进行材料和设备分析，为编制合理的实施方案和确定投标报价奠定基础。

（4）分析合同的主要条款，明确中标后承包人应承担的责任、义务及应享有的权利。重点注意承包方式，开工、竣工时间及工期奖罚，材料供应及价款结算办法，预付款的支付和工程款结算办法，工程变更及停工、窝工损失处理办法等。这些因素关系到施工方案的制订和资金的周转，以及工程管理的成本费用，这些最终都会反映在投标报价上。所以，投标人应认真研究分析合同的主要条款，以降低承包风险。

 特别提示

窝工是指承包人在进入施工现场后，不能按总包合同约定、分包合同约定、开工通知书指令或者设计安排等进行施工，使得施工进度慢于计划进度或者合同约定进度的现象。

（五）收集资料与投标准备

投标人分析招标文件后，要尽快通过调查研究和对问题的咨询与澄清，获取投标所需的有关数据和情报，解决招标文件中存在的问题并进行投标准备。投标准备主要包括组建投标班子、参加现场踏勘和投标预备会、校核工程量及编制施工规划、询价及市场调查等内容。

1. 组建投标班子

为了确保在投标竞争中获得胜利，投标人在投标前应组建专门的投标班子，负责投标事宜。投标班子应由经营管理类人才、专业技术类人才和商务金融类人才组成。

1）经营管理类人才

经营管理类人才是指专门从事工程承包经营管理，制订和贯彻经营方针与规划，负责投标工作的全面筹划且具有决策能力的人才，如企业的经理、副经理、总经济师等。这类人才需要具有以下基本条件。

（1）知识渊博，视野广阔。

（2）具有一定的法律知识和实际工作经验。

（3）具有较强的思维能力和社会活动能力。

（4）掌握一套科学的研究方法和手段。

2）专业技术类人才

专业技术类人才主要是指工程施工中的各类专业技术人员，如建筑师、监理工程师、建造师、造价工程师等。

在投标时，为了能从本公司的实际技术能力水平出发，考虑切实可行的专业实施方案，专业技术类人才应具有本学科领域最新的专业知识和熟练的实际操作能力。

3）商务金融类人才

商务金融类人才是指具有金融、贸易、税法、保险、采购、保函、索赔等专业知识的人才。商务金融类人才应能够理解和应用商业合同、财务报告、金融市场等有关知识，合规地进行投标和合同管理。

📝 笔 记

🏠 | 特别提示

以上是对投标班子中三类人才个体素质的基本要求，一个投标班子仅仅做到个体素质良好是不够的，还需要各方人才的共同协作，充分发挥团队的力量。因此，除上述要求外，还需要注意保持投标班子成员的相对稳定，不断提高其整体素质和水平。同时，建筑企业要根据企业情况逐步采用和开发投标报价软件，使投标报价工作更加快速、准确。

2．参加现场踏勘和投标预备会

1）参加现场踏勘

投标人获得招标文件后，除对招标文件进行认真研究分析之外，还应按招标文件规定的时间，对拟施工的现场进行踏勘。投标人在去现场踏勘之前，应先仔细研究招标文件中的有关概念和各项要求，特别是招标文件中的工程范围、专用条款、设计图纸和说明等，然后有针对性地拟订出踏勘提纲，确定踏勘的重点，对要咨询和澄清的问题，做到心中有数。

投标人进行现场踏勘时应注意以下事项。

（1）工程的范围和性质，以及与其他工程之间的关系。

（2）投标人参与投标的那部分工程与其他承包人或者分包人之间的关系。

（3）现场地质、地貌、水文、气候、交通、电力、水源等情况，有无障碍物等。

（4）进出现场的方式，现场附近有无食宿条件、料场开采条件、其他加工条件、设备维修条件等。

（5）现场附近的治安情况。

特别提示

投标人参加现场踏勘的费用，由投标人自己承担。招标人应在现场踏勘中对投标人给予必要的协助，并介绍工程场地及有关的周边环境情况。

2）参加投标预备会

投标预备会又称为答疑会或者标前会议，一般在现场踏勘之后的 1～2 天内举行。投标预备会的目的是解答投标人对招标文件及在现场踏勘中提出的问题，并对图纸进行交底和解释。投标人在对招标文件进行认真分析并进行现场踏勘后，应尽可能多地将投标过程中可能遇到的问题向招标人进行咨询，争取得到招标人的解答，为下一步投标工作的顺利进行打下基础。投标人应在投标人须知前附表规定的时间前，以书面形式将提出的问题送达招标人，以便招标人在会议期间澄清。

3．校核工程量及编制施工规划

投标人需要校核招标文件中的工程量，同时还需要编制施工规划。

投标时，招标文件中给出的工程量比较准确，但投标人还是需要进行校核，否则，一旦投标人自己计算漏项或者存在其他错误，就会影响中标或者造成不应有的经济损失。

因为投标报价的需要，投标人需要编制施工规划。一般来讲，施工规划主要包括施工方案，施工方法，施工进度计划，施工材料、设备和劳动力计划等内容。编制施工规划的主要依据是施工图纸,编制的原则是在保证工程质量和工期的前提下,尽可能使成本最低、利润最大。

4．询价及市场调查

投标报价是投标的一个核心环节。为了能够准确确认投标报价,投标人应认真调查和了解工程所在地的工资标准,材料来源、价格、运输方式,设备租赁价格等和报价有关的市场信息,为准确报价提供依据。

（六）确定施工方案

施工方案是投标人为完成合同条款,按照自己的实际情况制订的实施方案。施工方案是招标人了解投标人施工技术、管理水平、设备、人员配备等的途径,是投标报价的重要依据,也是评标的重要内容。确定施工方案时主要包括以下几个方面的工作。

（1）选择和确定施工方法。

（2）对大型复杂工程要考虑几种方案,进行综合对比。

（3）选择施工设备和施工设施。

（4）编制施工进度计划。

（七）确定投标报价

投标报价是指投标人采用投标方式承包工程时,计算和确定的承包该工程的投标总价格。

投标报价是投标竞争的核心,投标报价过高会失去承包机会,过低可能中标,但会给工程带来亏本的风险。如何做出合适的投标报价,是能否中标的关键性问题。投标报价必须严格按照招标文件的要求进行计算,不得改动。一般来讲,计算出的价格不能直接作为投标报价,投标人还需要做以下两个方面的工作。

（1）检查投标报价的准确性。与以往类似工程进行比较,判断项目单价是否合理、单位工程造价、单位工程用工用料指标、各分项工程的价值比例、各类费用的比例是否在正常范围内,是否存在漏算、重复计算的项目等。从中发现问题,便能减少和避免投标报价失误。

（2）根据投标报价方法调整报价。由于企业的投标目标不同,出发点不同,采取的投标报价方法也会不同。投标人需要多方面客观而慎重分析,根据投标报价方法,调整一些项目的单价、利润、管理费等,重新修正价格,确定一个具有竞争力的价格作为最终的投标报价。

（八）作出投标决策

投标决策主要是决定是否投标,投什么性质的标,以及在投标过程中如何充分展示投标人的优势。

投标决策的正确与否，关系到能否中标和中标后的效益问题，关系到施工企业的信誉、发展前景及职工的切身经济利益，甚至关系到国家的信誉和经济发展问题。因此，企业的决策班子应充分认识到投标决策的重要意义，慎重考虑、谨慎决定。

（九）编制和递交投标文件

经过前期准备工作之后，投标人应按招标文件的内容、格式和顺序要求，认真编制投标文件。投标文件需要对招标文件提出的实质性要求和条件进行响应，一般不能带有任何附加条件，否则可能导致投标无效。

投标文件编制完成，经核对无误，由投标人的法定代表人签字盖章后，应分类装订成册封于密封袋中，然后由人在规定的时间内送至招标文件指定的递交地点。递交投标文件后应领取回执作为凭证。投标人在递交投标文件的同时，应提交开户银行出具的投标保证函或者交付投标保证金。

 特别提示

递交投标文件不宜过早，因为市场情况在不断变化，投标人需要根据市场行情及自身情况对投标文件进行修改。

（十）出席开标会议

投标人在编制、递交投标文件后，应按时参加开标会议。参加开标会议对投标人来说，既是权利也是义务。一般来讲，不参加开标会议的投标人，其投标文件将不予启封，视为投标人自动放弃本次投标。

特别提示

通常由投标人的法定代表人或者其授权代理人参加开标会议。若法定代表人参加，一般应持有法定代表人资格证明书；若授权代理人参加，一般应持有授权委托书。

（十一）参加评标期间的澄清会

在评标期间，评标委员会根据情况可以要求投标人对投标文件中含义不明确的内容作必要的澄清或者说明。这时，投标人应积极予以澄清、说明和解释。澄清招标文件一般可以采用向投标人发出书面询问并由投标人进行书面说明或者澄清的方式，也可以采用召开澄清会的方式。

澄清会是评标委员会为了便于对投标文件进行审查、评价和比较，要求个别投标人澄清其投标文件而召开的会议。在澄清会上，评标委员会有权对投标文件中不清楚的问题向投标人提出询问。有关澄清的要求和答复，最后均应以书面形式呈现。澄清、说明和解释的问题，经招标人和投标人双方签字后，作为投标文件的组成部分。

 特别提示

在澄清会中，投标人不得更改投标报价、工期、质量等实质性内容。开标后和定标前提出的任何修改声明或者附加优惠条件，一律不得作为评标的依据。如果投标人不愿意根据要求加以修正或者评标委员会对所澄清的内容感到不能接受时，可视为不符合要求而否定其投标。

（十二）接受中标通知书并签订合同

经过评标，投标人被确定为中标人后，应接受招标人发出的中标通知书。中标人在收到中标通知书后，应在规定的时间和地点与招标人签订合同。

签订合同的同时，中标人应按照招标文件的要求，提交履约保证金或者履约保函，招标人应退还中标人的投标保证金。

特别提示

中标人与招标人正式签订合同后，应按要求将合同副本送到有关主管部门备案。

任务实施

通过本任务的学习，相信同学们已经知道了任务引入中问题的答案。

（1）甲建筑施工公司向投标人递交的书面说明有效。根据《招标投标法》的规定，投标人在招标文件要求提交投标文件的截止时间前，可以修改或者撤回已提交的投标文件，修改的内容作为投标文件的组成部分。

（2）该项目投标工作的主要程序包括获取投标信息、作出前期投标决策、参加资格预审、购买和分析招标文件、收集资料与投标准备、确定施工方案、确定投标报价、作出投标决策、编制和递交投标文件、出席开标会议、参加评标期间的澄清会、接受中标通知书并签订合同。

任务二 编制建设工程投标文件

任务引入

某工程项目评标时发现，甲公司投标报价明显低于其他投标公司，且没有给出合理的说明理由；乙公司投标文件没有填写工期；丙公司投标文件没有注明"正本""副本"。

思考 判断甲、乙、丙3家公司的投标是否有效，并说明理由。

一、投标文件的组成

建设工程投标人应按照招标文件的要求编制投标文件。投标文件一般包括商务标和技术标两部分。投标文件主要包括以下内容。

(1) 投标函及投标函附录。

(2) 法定代表人身份证明或附有法定代表人身份证明的授权委托书。

(3) 联合体协议书。

(4) 投标保证金。

(5) 已标价工程量清单。

(6) 施工组织设计。

(7) 项目管理机构。

(8) 拟分包项目情况表。

(9) 资格审查资料。

投标文件的格式

特别提示

(1) 招标文件规定不接受联合体投标的，或投标人没有组成联合体的，投标文件不包括联合体协议书。

(2) 招标文件规定不需要投标保证金的，投标文件不包括投标保证金。

(3) 招标人不接受项目分包的，或投标人没有项目分包的，投标文件不包括拟分包项目情况表。

二、投标文件的编制

(一) 编制投标文件的步骤

1. 编制投标文件的准备工作

编制投标文件的准备工作主要包括以下四部分内容。

(1) 熟悉招标文件及有关资料，对不清楚、不理解的地方，可以用书面形式向招标人提出。

(2) 组织投标班子，确定编制投标文件的人员。

(3) 参加招标人组织的施工现场踏勘和答疑会。

(4) 收集现行定额标准、取费标准及各类标准图集，收集政策性调价文件，并掌握材料和设备价格的情况。

2. 编制投标文件

投标文件应完全按照招标文件的要求编制。投标文件应当对招标文件规定的实质性要求和条件进行响应。

特别提示

实质性响应条款一般包括对合同条款的响应，对提供资质证明的响应，对采用的技术规范的响应等。

（二）编制投标文件的注意事项

编制投标文件时应注意以下事项。

（1）投标文件应按招标文件的"投标文件格式"进行编写，如有必要，可以增加附页，作为投标文件的组成部分。其中，投标函附录在满足招标文件实质性要求的基础上，可以提出对招标人更有利的承诺。

（2）规定格式的每个空格都必须填写，如有空缺，则被视为放弃意见。若工期、质量、价格等重要数字未填写，投标将被作为废标处理。

（3）保证计算数字及书写正确无误，单价、合价、总标价及其大、小写数字均应反复仔细核对。按招标人要求修改的错误，应由投标文件原签字人签字并加盖印章证明。

（4）投标文件必须字迹清楚，签名及印鉴齐全，装帧美观大方。

（5）投标文件正本一份，副本份数按招标文件要求确定，并注明"正本""副本"。当正本与副本的内容不一致时，以正本为准。

（6）投标文件编制完成后，应按照招标文件的要求整理，装订成册并进行密封和标记，做好保密工作。

三、投标文件的递交与接收

（一）投标文件的递交

投标人应在招标文件规定的投标截止时间前将投标文件递交给招标人。递交投标文件后，在投标截止时间前，投标人可以采用书面形式向招标人递交补充、修改或撤回其投标文件的通知。

特别提示

投标人递交的补充、修改或撤回通知，应按招标文件的规定进行编制、密封、标记和提交，补充、修改的内容作为投标文件的组成部分。

（二）投标文件的接收

在投标截止时间前，招标人应做好投标文件的接收工作，在接收时应注意核对投标文件是否按招标文件的规定进行密封和标记，并做好接收时间的记录等。

 **任务实施**

通过本任务的学习，相信同学们已经知道了任务引入中问题的答案。

甲公司的投标为无效标。甲公司投标报价明显低于其他投标公司，且没有给出合理的理由，该公司的情况可以被认定为低于成本报价。

乙公司的投标为无效标。乙公司投标文件没有填写工期，这直接违反了招标文件规定的基本要求。

丙公司的投标为无效标。丙公司投标文件没有注明"正本""副本"，这直接违反了招标文件规定的基本要求。

任务三　编制建设工程投标报价

任务引入

某投标人对一份招标文件进行仔细分析后，发现招标人提出的工期要求特别苛刻，且合同条款中规定每拖延 1 天工期罚款合同价的 1.5‰。若要满足该工期要求，必须采取特殊措施，这样成本会大大增加。同时，投标人还发现设计方案采用框架剪力墙结构是过于保守的。因此，该投标人在投标文件中说明招标人的工期要求难以满足，并按自己认为的合理工期（比招标人要求的工期增加 5 个月）编制施工进度计划且据此报价。投标人建议将框架剪力墙结构改为框架结构，并对这两种结构体系进行了技术、经济分析和比较，证明框架结构不仅能保证工程结构的可靠性和安全性，增加使用面积，提高空间利用的灵活性，而且可以降低造价约 4%。

该投标人在投标截止日前 1 天将投标文件递交招标人。次日（即投标截止日当天）下午，在规定的投标截止时间前 1 小时，该投标人又递交了一份补充材料，其中声明将原报价降低 5%。

思考　该投标人运用了哪几种投标报价的方法？其运用是否恰当？

一、投标报价的概念

投标报价是投标人按照招标文件的要求，根据建设工程项目的特点，结合自身的施工技术、装备和管理水平，依据有关计价规定自主确定的工程投标价格，也是投标人希望达成工程承包交易的价格。投标报价是投标文件的核心组成部分，招标人往往将投标报价作为主要标准来确定中标人。

二、投标报价的原则

投标报价最基本的特征是投标人自主报价，它是市场竞争价格形成的体现。投标人自主决定投标报价应遵循以下原则。

（1）投标报价应由投标人或受其委托具有相应资质的工程造价咨询机构编制。

（2）投标人应依据有关规定和招标文件中的有关要求，自主确定投标报价。

（3）投标报价不得低于成本价格。

（4）投标人必须按照招标文件的工程量清单填报报价。

（5）投标报价不能超过招标控制价，否则该投标为废标。

三、投标报价的编制依据

投标报价的编制依据主要有设计图及说明、工程量清单、工程施工组织设计、技术标准及要求、招标文件、有关的法律法规、当地的物价水平等。

 特别提示

> 在投标报价的计算过程中，对于不可预见费用的计算必须慎重考虑，不要遗漏。

四、投标报价的编制程序

投标人要做好投标报价工作，不仅需要充分了解招标文件的含义，而且要熟悉投标报价的编制程序。投标报价的编制程序如下。

（1）熟悉招标文件，对招标项目进行调查与现场踏勘。

（2）结合招标项目的特点、竞争对手的实力和本企业的自身状况、经验等，制订投标策略。

（3）核算招标项目实际工程量。

（4）编制施工组织计划。

（5）考虑工程承包市场的行情，以及人工、设备及材料供应的费用，计算分项工程直接费。

（6）分摊项目费用，编制单价分析表。

（7）计算投标基础价。

（8）根据企业的施工管理水平、工程经验与信誉、技术能力、设备装备能力、财务应变能力、抵御风险能力、降低工程成本并增加经济效益的能力等，进行获胜分析及盈亏分析。

（9）制订备选投标报价方案。

（10）编制合理的投标报价，以争取中标。

笔记

五、投标报价的方法

影响投标报价的因素很多，为了达到提高中标可能性和中标后投标人能够盈利的目的，投标人在编制投标报价时应选择恰当的投标报价方法，确定合理的投标报价。常见的投标报价方法有不平衡报价法、多方案报价法、增加建议方案法、突然降价法、无利润投标法等。

（一）不平衡报价法

不平衡报价法又称为前重后轻法，是指在工程项目总报价基本确定后，通过调整内部各个项目的报价，以期既不影响总价，又不影响中标，还能在结算时获得理想经济效益的方法。

在建设工程施工项目投标中，不平衡报价法主要适用于以下几种情况。

（1）在采用分段结算的建设工程中，对于能早期结账收回工程款的项目（如土方、基础等），单价可以适当报高些；对于后期项目（如装饰、电气设备安装等），单价可以适当报低些。

（2）工程量可能增加的项目，单价可以适当报高些。工程量可能减少的项目，单价可以适当报低些。这种方法适用于按工程量清单报价、按实际完成工程量结算工程款的招标项目。工程量可能增减的情形主要有以下两种。

不平衡报价法示例

① 图纸内容不明确或有错误，估计修改后工程量会增加的，单价可以适当报高些；而工程内容不明确的，单价可以适当报低些，待澄清后可再要求提价。

② 暂定项目又称为任意项目或选择项目，对于暂定项目中实施可能性大的项目，单价可以适当报高些；估计不一定实施的项目，单价可以适当报低些。

特别提示

　　上述两点要统筹考虑。对于工程量有错误的早期项目，若不可能完成工程量表中的数量，则不能盲目抬高单价，需要具体分析后再确定。

　　（3）没有工程量只填报单价的项目，单价可以适当报高些。这样既不影响总的投标报价，又可以获得较多的利润。

　　（4）零星用工或计日工一般可稍高于工程单价表中的工资单价，这是因为零星用工不属于承包有效合同总价的范围，发生时实报实销。

　　采用不平衡报价法的优点是有助于对工程量进行仔细校核和统筹分析，总价相对稳定，不会过高；缺点是单价报高报低的合理幅度难以掌握，单价报得过低会因执行中工程量增多而给承包人造成损失，报得过高会因招标人要求压价而使承包人得不偿失。因此，在采用不平衡报价法时，应特别注意工程量有无错误，具体问题具体分析，避免单价盲目报高或报低。

　　（二）多方案报价法

　　多方案报价法是投标人针对招标文件中的某些不足，提出有利于招标人的替代方案（又称为备选方案），用合理化建议吸引招标人，争取中标的一种投标报价方法。

　　多方案报价法主要适用于以下两种情况。

　　（1）对于一些招标文件，如果发现工程范围不具体、不明确，或条款不清楚、不公平，或技术规范要求过于苛刻时，可以先按原招标文件报价，然后提出将某条款做某些变动，报价可降低多少，由此得出一个较低的报价。这样可以降低总价，吸引招标人。

　　（2）对于一些设计图纸，如果发现某些不合理并可以改进的地方，或可以利用某项新技术、新工艺、新材料替代的地方，或发现自己的技术和设备满足不了招标文件中设计图纸的要求，可以先按设计图纸的要求报价，然后再另附上一个修改设计图纸的比较方案，并说明在修改设计图纸的情况下，报价可降低多少。

特别提示

　　如果招标文件中明确规定不允许报多个方案和多个报价，则不可以采用多方案报价法。

　　（三）增加建议方案法

　　有时招标文件中规定，可以提出一个建议方案，即可以修改原招标方案，提出投标人的方案。投标人这时应抓住机会，组织一批有经验的设计和施工工程师，对原招标文件的设计和施工方案进行仔细研究，提出更为合理的方案以吸引招标人，促成自己的方案中标。这种新建议方案要能够降低总造价或缩短工期，或使工程设计和施工更为合理。但要注意对原招标方案一定也要报价。

 特别提示

　　建议方案不要写得太具体，要保留方案的技术关键，防止招标人将此方案交给其他投标人；建议方案要比较成熟，有较高的可操作性。

（四）突然降价法

　　突然降价法是指在投标最后截止时间内，采用突然降价的手段，确定最终投标报价的方法。采用这种方法的通常做法是，在准备投标报价的过程中预先考虑好降价的幅度，然后有意散布一些假情报（如打算弃标，按一般情况报价或准备报高价等），等临近投标截止日期前，突然前往投标，并降低报价，以期战胜竞争对手。

（五）无利润投标法

　　在实际工作中，有的投标人在缺乏竞争优势的情况下，还有可能采用不考虑利润，只求中标的无利润投标法。这种方法一般在下面三种情况下采用。

　　（1）对于分期建设的项目，先以低价获得首期项目，而后赢得竞争优势，并在后面的项目实施中获得利润。

　　（2）某些投标人参加投标的目的不在于从当前的项目上获利，而是着眼于长远的发展。例如，为了开辟市场、掌握某种有发展前途的工程施工技术等。

　　（3）在一定时期内，投标人没有在建的工程项目，如果再不中标，就难以维持生计。所以，在投标报价中可能只考虑企业管理费用，以维持公司的日常运转，渡过暂时的难关，以图将来东山再起。

 特别提示

　　投标报价的方法只是提高中标的辅助手段，最根本的还是要依靠投标人自身的实力参与竞标。

任务实施

　　通过本任务的学习，相信同学们已经知道了任务引入中问题的答案。

　　该投标人运用了三种投标报价的方法，即多方案报价法、增加建议方案法和突然降价法。

　　（1）多方案报价法运用不当，因为运用该方法时，必须对原方案（本案例指招标人的工期要求）报价，而该投标人在投标时仅说明了该工期要求难以满足，却未提出相应的投标报价。

　　（2）增加建议方案法运用得当，通过对两个结构方案进行技术、经济分析和比较（这意味着对两个方案均进行了报价），论证了建议方案（框架结构）的技术可行性和经济合理性，对招标人有很强的说服力。

（3）突然降价法也运用得当，原投标文件的递交时间比规定的投标截止时间仅提前1天，这既符合常理，又为竞争对手调整、确定最终报价留有一定的时间，起到了迷惑竞争对手的作用。若提前时间太多，会引起竞争对手的怀疑，而在开标前1小时突然递交一份补充材料，这时竞争对手已不可能再调整报价了。

用"工匠精神"诠释建设者的初心与梦想

在庆祝"五一"国际劳动节暨五一劳动奖表彰大会上，来自某建设公司广州分公司的项目经理单师傅获得广东省五一劳动奖章殊荣。他说："没有等出来的辉煌，只有干出来的精彩！我将立足新起点，建功岗位，不负韶华，为高质量发展作出更大贡献。"

扎根工程建设一线13年来，单师傅始终坚持用"工匠精神"诠释建设者的初心与梦想。他担任项目经理的一个项目曾荣获年度国家优质工程奖。凭借出色的业绩，他相继获得深圳市优秀项目经理、广州市优秀项目经理、广东省优秀项目经理等殊荣。

单师傅大学毕业后就加入了建筑行业，从项目预算员做起，历经物资管理、商务管理、项目经理等多个岗位，坚持在干中学、学中干，从实践磨练中成长起来。单师傅担任项目经理的一个重大项目，具有钢结构设计新颖、构件数量多、吊装难度大、精度要求高等特点。单师傅带领技术团队不断开展技术攻关，一方面，他们利用BIM三维建模，对钢楼梯采用分段拼装，确保施工精度；另一方面，他们优化设计图纸，将钢平台普通混凝土楼板优化为钢筋桁架楼承板，降低施工难度，最终解决了钢结构吊装难题。

在项目建设的三年间，无论严寒还是酷暑，单师傅始终坚守在施工第一线，每天工人进场前，他的足迹已遍布工作面的每个角落。施工人员怎么调配、施工工序如何穿插……一桩桩、一件件，事无巨细，他反复在心中排兵布阵，确保每一仗都打得漂亮。该项目先后斩获广东省双优工地、广东省建设工程优质奖、广东省建设工程金匠奖等一系列荣誉，并最终捧回金灿灿、沉甸甸的"国家优质工程奖"。

"我刚来的时候，这里还是一片荒地，等我离开的时候，这里已是高楼林立，成为深圳重要的CBD。"来时一片荒芜，走时万家灯火。那份专属于建设者的自豪，写在了单师傅脸上。

（资料来源：郭军、吴琼，《工程"尖兵"单慧鹏：用"工匠精神"诠释建设者的初心与梦想》，中新网广州，2023年4月27日）

🏛 项目实训——编制建设工程施工投标文件

1. 实训目的

为提高学生的实践能力和专业水平，将建设工程投标有关知识转化为编制施工投标文件的专业技能，现要求学生以《标准施工招标文件》为范本，结合下面的实训背景，编制建设工程施工投标文件。

2. 实训背景

现要对 A 市某小学教学楼屋面防水修缮工程进行投标，该工程具体情况见本书项目二项目实训中的案例介绍。根据本项目所学知识及《标准施工招标文件》范本，编制一份投标文件。

3. 实训内容

指导教师要求学生以小组为单位，针对上述实训背景，按照以下程序及《标准施工招标文件》范本编制投标文件。

（1）仔细阅读招标文件。根据招标文件的要求，了解投标文件所包含的内容及其格式要求。

（2）准备材料。根据招标文件的要求，准备投标所需的各种材料，如公司资料、业绩证明、资质证书等。

（3）编写技术方案。根据招标文件的要求，编写技术方案，详细说明方案的优势和创新点，并给出具体实施方案。

（4）编制投标报价。根据招标文件的要求，编制投标报价，包括工程量清单、价格计算表和总报价表等。

（5）书写正式信函。简要介绍公司的背景、业绩和能力，表达对此次招标的兴趣和信心。

（6）整理文件。将以上材料整理成一个完整的投标文件，并按照招标文件的要求分别装订。

A 市某小学教学楼
屋面防水修缮工程
投标文件

（7）递交文件。将投标文件按照招标文件的要求递交至招标人指定的递交地点，在递交前要确认所有必要的材料都已经齐备。

项目思维导图

1．填空题

（1）投标文件应当对招标文件提出的＿＿＿＿＿＿＿＿＿＿＿＿＿＿＿＿＿＿＿进行响应。

（2）由同一专业的单位组成的联合体，按照资质等级＿＿＿＿＿＿的单位确定资质等级。

（3）投标人不得以＿＿＿＿＿＿＿＿＿＿的投标报价竞标。

（4）投标班子应由＿＿＿＿＿＿＿＿、＿＿＿＿＿＿＿＿和＿＿＿＿＿＿＿＿组成。

（5）投标文件一般包括＿＿＿＿＿＿＿＿＿＿和＿＿＿＿＿＿＿＿＿＿两部分。

（6）投标文件正本＿＿＿＿＿＿份，副本份数按招标文件要求确定，并注明"正本""副本"。当正本与副本的内容不一致时，以＿＿＿＿＿＿为准。

（7）投标报价不能超过＿＿＿＿＿＿＿＿＿＿＿，否则该投标为废标。

（8）常见的投标报价方法有＿＿＿＿＿＿＿、＿＿＿＿＿＿＿、＿＿＿＿＿＿＿、＿＿＿＿＿＿＿和＿＿＿＿＿＿＿等。

2．选择题

（1）关于联合体投标，下列说法中不正确的是（　　）。

A．两个以上法人或者组织可以组成一个联合体

B．需要以一个投标人的身份共同投标

C．联合体成员不得在同一项目中再以自己名义单独投标

D．招标人可以根据项目需要要求投标人组成联合体

（2）投标人参加现场踏勘的费用，由（　　）承担。

A．招标人　　　　　　　　　　B．投标人自己

C．招标人和投标人　　　　　　D．招标代理机构

（3）关于投标文件的修改或者撤回，下列说法中正确的是（　　）。

A．对投标文件的修改或者撤回，应该在投标截止日期之前进行

B．对投标文件的修改或者撤回，应该在投标有效期内进行

C．在开标后修改的内容可作为投标文件的组成部分

D．在投标截止日期前，投标人可以打电话通知招标人撤回投标文件

（4）若是法定代表人参加开标会议，一般应持有法定代表人资格证明书；若是授权代理人参加开标会议，一般应持有（　　）。

A．投标意见书　　　　　　　　B．联合体协议书

C．共同投标协议书　　　　　　D．授权委托书

（5）下列不属于投标文件的是（　　）。

A．技术性能参数的详细描述

B．投标函及投标函附录

C．施工组织设计

D．已标价的工程量清单

（6）下列行为中，属于招标人与投标人串通投标的是（　　）。

A．招标人明示投标人压低投标报价

B．招标人组织投标人参加答疑会

C．招标人向投标人公布招标控制价

D．招标人组织投标人进行现场踏勘

（7）下列关于投标人资格条件的说法正确的是（　　）。

A．投标公司的分公司可以作为投标人

B．已完成的施工项目的工程质量不影响投标人的资格条件

C．财产是否被冻结不影响投标人的资格条件

D．履约记录影响投标人的资格条件

3．简答题

（1）简述投标禁令。

（2）简述获取招标信息的主要途径。

（3）简述投标报价的原则。

（4）什么是不平衡报价法？

4．案例分析题

某单位拟新建一个厂房，招标文件规定，投标人按照招标文件提供的工程量清单报价；投标保证金30万元，从企业的基本账户中转出到指定账户；合同工期为150天。

投标人A为了降低投标总价，将招标人给出的某项工程量清单由6 657.83 m³直接改为按5 657.83 m³进行报价。投标人B认为150天的工期不符合实际和国家下发的工期定额，遂按工期定额的规定计算为180天。投标人C在规定的投标截止时间前从投标人代表的个人账户中转出30万元到招标文件指定的账户中。

问题：如果你是评标委员会成员，你会如何处理投标人A、投标人B、投标人C的投标文件？为什么？

项目综合评价

指导教师根据学生实际学习成果进行评价，学生配合指导教师完成如表 3-4 所示的学习成果评价表。

表 3-4　学习成果评价表

班级		组号		日期	
姓名		学号		指导教师	
项目名称		建设工程投标			
项目评价	评价内容			满分/分	评分/分
知识（40%）	掌握投标人条件			6	
	理解投标禁令			5	
	熟悉投标的程序			8	
	熟悉投标文件的组成与编制			5	
	理解投标报价的概念与原则			5	
	熟悉投标报价的编制依据与编制程序			5	
	掌握投标报价的方法			6	
技能（40%）	能够正确获取招标信息			10	
	能够依法投标			10	
	能够编制投标文件			10	
	能够编制投标报价			10	
素养（20%）	积极参加教学活动，主动学习、思考、讨论			5	
	逻辑清晰，准确理解和分析问题			5	
	认真负责，按时完成学习、实践任务			5	
	团结协作，与组员之间密切配合			5	
合计				100	
自我评价					
指导教师评价					

项目四

建设工程开标、评标与定标

项目导读

　　建设工程开标、评标与定标是建设工程招投标活动的核心环节。招标人希望经过开标、评标与定标环节找到合适的承包人，投标人同样希望经过开标、评标与定标环节成为中标人。

　　本项目主要介绍建设工程开标、评标与定标的有关知识。

项目要求

》》 知识目标

（1）掌握建设工程开标程序。

（2）熟悉建设工程评标原则。

（3）理解建设工程评标要求。

（4）掌握建设工程评标程序。

（5）熟悉建设工程定标依据。

（6）了解中标通知书和签订合同的有关知识。

》》 技能目标

（1）能够正确运用建设工程开标、评标与定标知识分析实际案例。

（2）能够正确处理建设工程开标、评标与定标过程中可能出现的问题。

》》 素质目标

（1）培养学生的组织协调能力和语言表达能力。

（2）养成科学、严谨的工作作风。

项目工单

1．项目描述

为了帮助学生更好地理解和掌握建设工程招投标的整个工作程序，本项目要求学生以小组为单位，通过角色（招标人、投标人、评标委员会成员）扮演的方式模拟开标、评标与定标过程，从而引导学生对本项目的知识内容进行理解和运用。

2．小组分工

以 3～5 人为一组，选出组长并进行分工，将小组成员及分工情况填入表 4-1 中。

表 4-1　小组成员及分工情况

班级：　　　　　　　　　　组号：　　　　　　　　　　指导教师：

小组成员	姓名	学号	分工
组长			
组员			

3．小组讨论

在开展活动前，请各组组长组织组员学习有关资料，讨论下列引导问题。

引导问题 1：开标程序是什么？

引导问题 2：评标原则有哪些？

引导问题 3：什么是综合评估法？

引导问题 4：定标依据有哪些？

4. 制订计划

根据小组分工，每人制订一份学习计划，并在组内进行阐述。组员之间进行提问与答疑，选出最佳的学习计划，并将其填写在表 4-2 中。

表 4-2　学习计划

序号	学习内容	负责人
1		
2		
3		
4		
5		
6		

5. 学习记录

按照本组选出的最佳学习计划进行有关知识的学习，然后进行开标、评标与定标过程的模拟，最后将模拟过程中遇到的问题及其解决办法、学习体会及收获记录在表 4-3 中。

表 4-3　学习记录表

班级：　　　　　　　　　　　组号：

模拟过程中遇到的问题及其解决办法：

学习体会及收获：

任务一 开 标

 任务引入

某项目进行公开招标，有甲、乙、丙、丁 4 家公司购买了招标文件。4 家公司均按照招标文件规定的时间递交了投标文件。开标时，先由招标人检查投标文件的密封情况，确认无误后，再由其他工作人员当众拆封，并宣读投标人名称、投标价格、工期和其他主要内容。在开标过程中，招标人发现丁公司的标袋密封处仅有投标单位公章，没有法定代表人印章或签字。

思考
（1）上述开标过程有何不妥之处？请说明理由。
（2）开标后，丁公司的投标文件应如何处理？为什么？

开标是指投标人递交投标文件后，招标人依据招标文件规定的时间和地点，拆封投标人递交的投标文件，公开宣读投标人名称、投标价格及投标文件中其他主要内容的过程。

一、开标的时间和地点

开标应当在招标文件确定的投标人递交投标文件截止时间的同一时间公开进行。除不可抗力因素外，招标人不得以任何理由延迟开标或拒绝开标。出现以下几种情况时，可以推迟开标时间或暂缓开标。
（1）招标人在招标文件发放后对招标文件进行了澄清或修改。
（2）开标前发现有影响招标公正性的不正当行为。
（3）发生突发事件等。
开标地点应为招标文件中预先确定的地点。在已经成立建设工程交易中心的地方，开标地点应设在建设工程交易中心。

二、参加开标会议的人员

开标会议由招标人派出主持人主持，并派出代表参加，同时需要安排开标人、唱标人、记录人等开标工作人员，还应邀请所有投标人（投标单位的法定代表人或委托代理人）参加，并由有关行政监督部门派出代表（监标人）依法进行监督。投标人未参加开标会议的视为自动弃权。

三、开标程序

开标的具体程序如下。

（1）宣布开标纪律。主持人宣布开标纪律，对参加开标会议的人员提出会场要求，如开标过程中不可以喧哗、通信设备调整到静音状态等。任何人不得干扰正常的开标程序。

（2）确认投标人代表到场。主持人公布在投标截止时间前递交投标文件的投标人名称，并点名确认投标人代表是否到场。

（3）介绍主要与会人员。主持人宣布开标人、唱标人、记录人、监标人等有关人员的姓名。

（4）检查投标文件的密封情况。开标时，可由投标人或其推选的代表检查投标文件的密封情况，也可由招标人委托的公证机构检查并公证。

（5）宣布开标顺序。主持人宣布投标文件的开标顺序，如果招标文件中未约定开标顺序，一般就按照投标文件递交的顺序或倒序进行开标。

（6）唱标。唱标人按照宣布的开标顺序当众拆封投标文件，宣读投标人名称、投标价格和投标文件的其他主要内容。招标人设有标底的，应公布标底。

（7）开标记录签字。招标人应当做好开标会议的书面记录，如实记录开标会议的全部内容，包括开标时间、地点、程序，出席开标会议的单位和代表，公正结果，等等。投标人代表、招标人代表、记录人、监标人等应在开标记录上签字确认，并存档备查。

 特别提示

投标人对开标有异议的，应当在开标现场提出，招标人应当现场进行答复，并将具体内容记录下来。

（8）开标结束。招标人完成开标会议全部程序和内容后，主持人宣布开标会议结束。

特别提示

开标的一项重要工作是对投标文件的有效性进行审查。在开标时，投标文件出现下列情形之一的，应当视为无效投标文件，不得进入评标环节。

（1）投标文件未按照招标文件的要求予以密封的。

（2）投标文件中的投标函未加盖投标人企业及企业法定代表人印章的，或企业法定代表人所委托的代理人没有合法有效的委托书（原件）及委托代理人印章的。

（3）投标文件的关键内容字迹模糊、无法辨认的。

（4）投标人未按照招标文件的要求提供投标保函或投标保证金的。

（5）联合体投标时，投标文件中未附联合体协议书的。

任务实施

通过本任务的学习，相信同学们已经知道了任务引入中问题的答案。

（1）开标时，由招标人检查投标文件的密封情况不妥。《招标投标法》第三十六条规定，开标时，由投标人或其推选的代表检查投标文件的密封情况，也可以由招标人委托的公证机构检查并公证。

（2）开标后，丁公司的投标文件应当视为无效投标文件。因为丁公司的投标文件只有投标单位公章，没有法定代表人印章或签字，不符合密封要求。

任务二　评　标

任务引入

　　某结构加固项目进行公开招标，该项目招标控制价为 160 万元。在投标截止时间前共有 5 个投标人递交了投标文件，其投标报价分别为甲 150 万元、乙 140 万元、丙 135 万元、丁 130 万元、戊 70 万元。最低投标报价和最高投标报价相差如此悬殊，令开标现场一片哗然。评标委员会经过讨论，要求投标人戊就投标报价是否低于成本的问题进行书面澄清并提供有关证明材料。投标人戊最终承认投标报价低于成本，目的是扩大公司影响力，使公司尽快进入结构加固市场。评标委员会仔细阅读了澄清函，认为投标人戊的投标报价明显低于成本，于是否决了其投标。

> **思考** 简要评价该案例中评标委员会的做法。

评标是由招标人依法组建的评标委员会根据法律法规和招标文件确定的评标方法和具体评标标准，对投标人递交的投标文件进行全面审查、评审与比较，以最终确定中标人的过程。

一、评标原则

评标委员会应当按照招标文件确定的评标标准和方法，实事求是地对投标文件进行评审和比较，不得带有任何主观意愿和偏见，高质量、高效率地完成评标工作，具体应遵循以下原则。

（1）公平、公正、科学、择优。

（2）评标活动依法进行，任何单位和个人不得非法干预或影响评标过程和结果。

（3）招标人应当采取必要措施，保证评标活动在严格保密的情况下进行。

（4）评标活动及其当事人应当接受依法实施的监督。

有关行政监督部门应按照国务院或地方政府的职责分工，对评标活动实施监督，依法查处评标活动中的违法行为。

二、评标要求

评标要求主要包括对评标委员会成员的要求、对招标人与投标人的要求和对与评标活动有关的工作人员的要求。

（一）对评标委员会成员的要求

评标委员会是由招标人依法组建，负责评标活动，向招标人推荐中标候选人或根据招标人的授权直接确定中标人的临时组织。

1. 评标委员会的组建

依法必须进行招标的项目，其评标委员会由招标人的代表和有关技术、经济等方面的专家组成，成员人数为 5 人及以上的单数，其中技术、经济等方面的专家不得少于成员总数的三分之二。评标委员会成员人数和人员的确定方式按投标人须知前附表的规定执行。

评标委员会的专家成员应当从依法组建的专家库内的有关专家名单中确定。确定评标专家时，可以采取随机抽取或直接确定的方式。一般招标项目，可以采取随机抽取的方式；技术复杂、专业性要求特别高或国家有特殊要求的招标项目，采取随机抽取方式确定的专家难以胜任的，可以采取由招标人直接确定的方式。

评标专家是评标委员会成员中的专业人才。为规范评标活动，提高评标质量，评标专家应符合下列要求。

（1）从事有关专业领域工作满 8 年并具有高级职称或同等专业水平。

（2）熟悉有关招投标的法律法规，并具有与招标项目有关的实践经验。

（3）能够认真、公正、诚实、廉洁地履行职责。

评标委员会成员有下列情形之一的，应当主动提出回避。

（1）投标人或投标人主要负责人的近亲属。

（2）项目主管部门或行政监督部门的人员。

（3）与投标人有经济利益关系，可能影响投标评审公正性的。

（4）曾因在招标、评标及其他与招投标有关的活动中从事违法行为而受过行政处罚或刑事处罚的。

特别提示

> 评标委员会成员名单一般应在开标前确定，且在中标结果确定前保密。

2．评标委员会成员的基本行为要求

评标委员会成员的基本行为要求主要包括以下三个方面。

（1）评标委员会成员应当客观、公正地履行职责，遵守职业道德，对所提出的评审意见承担个人责任。

（2）评标委员会成员不得与任何投标人或与招标结果有利害关系的人进行私下接触，不得收受投标人、中介人、其他利害关系人的财物或其他好处，不得向招标人征询其对中标人的意向，不得接受任何单位或个人明示或暗示提出的倾向或排斥特定投标人的要求，不得有其他不客观、不公正履行职务的行为。

（3）评标委员会成员不得透露投标文件的评审和比较情况、中标候选人的推荐情况，以及与评标有关的其他情况。

　　为进一步提升某市"智能辅助评标系统"建设水平，健全智能辅助评标机制，减轻评标专家不必要的工作量，提高评标评审质量，该市公共资源交易中心邀请省综合评标专家库中 10 名经济、技术专家代表，组织召开工程交易评标专家座谈会。工程交易处负责同志、软件公司系统研发团队代表参加会议。

　　工程交易处负责同志首先向专家们长期以来对智能辅助评标系统建设的关心和支持表示感谢，随后向大家介绍了接下来优化提升该系统的有关思路和举措，并希望各位专家提出宝贵意见和建议，让系统辅助功能更实用，让专家评标评审更便捷，真正发挥系统价值。

　　座谈会上，专家代表们对系统在规范专家操作和提升评标质量和效率等方面给予了充分肯定，逐一提出现有系统还需要优化完善的功能，并与工程交易处、系统研发团队人员重点探讨了技术标评审智能辅助功能的研究方向和具体实现手段。最后，与会人员还就评标专家场内管理规范性、评标程序合理性，以及评标劳务费发放标准和方式等内容进行了深入交流和讨论。

　　下一步，该市公共资源交易中心将充分研究、借鉴专家代表们提出的宝贵建议，持续提升系统智能辅助功能，坚持不懈以"工匠精神"打造"智能辅助评标系统"，不断扩展智能评审范围，探索建立主观评分智能评审模型，在提升评标质量和效率、提高评标公平公正性等方面不断打磨，真正将其塑造成具有长期社会价值的产品。

（资料来源：佚名，《市公共资源交易中心召开工程交易评标专家座谈会》，常州市公共资源交易中心，2023 年 3 月 23 日）

（二）对招标人与投标人的要求

招标人不得泄露招投标活动中应当保密的情况和资料，不得与投标人串通损害国家利益、社会公共利益或他人合法权益。

投标人不得相互串通投标或与招标人串通投标，不得向招标人或评标委员会成员行贿谋取中标，不得以他人名义投标或以其他方式弄虚作假骗取中标，不得以任何方式干扰、影响评标工作。

（三）对与评标活动有关的工作人员的要求

与评标活动有关的工作人员是指评标委员会成员以外的因参与评标监督工作或事务性工作而知悉有关评标情况的所有人员。对与评标活动有关的工作人员的要求主要包括以下两个方面。

（1）应对投标文件的评审和比较情况、中标候选人的推荐情况、与评标有关的其他情况严格保密。

（2）在评标活动中不得擅离职守，影响评标程序的正常进行。

 特别提示

> 投标人和其他利害关系人认为评标活动有违反法律、法规、规章中有关规定的，有权向有关行政监督部门投诉。

三、评标程序

招标人通常依据招标项目的规模和技术复杂程度决定评标程序。小型招标项目由于评标内容较为简单，可以按照即开、即评、即定的程序进行；大型招标项目由于评标内容复杂、涉及面广，可以按照评标准备、初步评审、详细评审和提交评标报告的程序进行。

（一）评标准备

评标前，招标人应当向评标委员会提供评标所需要的重要信息和数据，如招标文件、开标会议记录、招标控制价或标底等。评标委员会成员应当认真研究招标文件，了解和熟悉招标项目的目标、招标项目的范围和性质，以及招标文件中规定的主要技术要求与标准、商务条款、评标标准、评标方法和在评标过程中应考虑的有关因素等。

某省际光传送网
项目投标文件的
初步评审

（二）初步评审

初步评审又称为对投标文件的响应性审查，此阶段是以投标人须知为依据，检查投标文件是否对招标文件的实质性内容进行了响应，从而确定投标文件的有效性，此阶段不对投标文件的优劣进行比较。投标文件的初步评审主要包括符合性评审、技术性评审、商务性评审和投标偏差判定等方面。

1. 符合性评审

投标文件的符合性评审主要包括以下几个方面。

（1）投标人资格的评审。核对是否为通过资格预审的投标人，或对未进行资格预审的投标人提交的资格材料进行审查。

（2）投标文件有效性的评审。审核投标文件的格式、签署方式等是否符合招标文件的规定，确保关键内容没有无法辨认或模糊不清的情况。

（3）投标文件完整性的评审。检查投标文件中是否包含招标文件规定递交的全部文件，确保没有遗漏。

（4）与招标文件一致性的评审。检查投标文件是否实质上响应了招标文件的要求，检查内容具体包括投标文件与招标文件的所有条款、条件和规定是否相符，对招标文件的任何条款、数据或说明是否有任何修改、保留和设置附加条件等。

特别提示

> 评标委员会可以书面方式要求投标人对投标文件中含义不明确、对同类问题表述不一致或有明显文字和计算错误的内容进行必要的澄清、说明或补正。澄清、说明或补正应以书面方式进行，并且不得超出投标文件的范围或改变投标文件的实质性内容。

2. 技术性评审

投标文件的技术性评审主要包括以下几个方面。

（1）施工方案可行性评审。

（2）关键工序评审。

（3）劳务、材料、设备、质量控制措施评审。

（4）施工现场周围环境保护措施评审。

3. 商务性评审

投标文件的商务性评审主要是指投标报价的评审，具体包括审查全部投标报价数据计算的准确性、分析投标报价构成的合理性、与标底进行对比分析等。如果投标文件中存在计算或统计的错误，应由评标委员会予以修正后请投标人签字确认。修正后的投标报价对投标人起约束作用。

特别提示

（1）投标文件中的大写金额和小写金额不一致的，以大写金额为准；总价金额与单价金额不一致的，以单价金额为准，但单价金额小数点有明显错误的除外；对不同文字文本投标文件的解释发生异议的，以中文文本为准。

（2）在评标过程中，评标委员会发现投标人的投标报价明显低于其他投标报价或在设有标底时明显低于标底，使得其投标报价可能低于其个别成本的，应当要求该投标人进行书面说明并提供有关证明材料。投标人不能合理说明或不能提供有关证明材料的，由评标委员会认定该投标人以低于成本报价竞标，并否决其投标。

4. 投标偏差判定

评标委员会应当根据招标文件，审查并逐项列出投标文件的全部投标偏差，并对其进行判定。投标偏差分为重大偏差和细微偏差两种类型。

1）重大偏差

重大偏差是指投标文件未能对招标文件进行实质性响应的情况。下列情况属于重大偏差。

（1）没有按照招标文件要求提供投标担保或所提供的投标担保有瑕疵。

（2）投标文件没有投标人授权代表签字和加盖公章。

（3）投标文件载明的招标项目完成期限超过招标文件规定的期限。

（4）有明显不符合技术规格、技术标准要求之处。

（5）投标文件载明的货物包装方式、检验标准和方法等不符合招标文件的要求。

（6）投标文件附有招标人不能接受的条件。

（7）有不符合招标文件中规定的其他实质性要求之处。

投标文件存在重大偏差时，应按规定作否决投标处理。招标文件对重大偏差另有规定的，从其规定。

2）细微偏差

细微偏差是指投标文件在实质上响应了招标文件的要求，但在个别地方存在漏项或提供了不完整的技术信息和数据等情况，并且补正这些漏项或不完整之处不会对其他投标人造成不公平的结果。细微偏差不影响投标文件的有效性。

评标委员会应当书面要求存在细微偏差的投标人在评标结束前予以补正。拒不补正的，在详细评审时可以对细微偏差作不利于该投标人的量化，量化标准应当在招标文件中进行规定。

（三）详细评审

详细评审是指评标委员会对初步评审合格的投标文件，根据招标文件确定的评标标准和方法，对其技术部分和商务部分进行进一步评审、比较。评标委员会通过详细评审对投标文件分项进行量化比较，从而评定出优劣次序。在详细评审过程中，评标委员会常用的评标方法主要包括经评审的最低投标价法和综合评估法。

1．经评审的最低投标价法

经评审的最低投标价法是指对符合招标文件规定的技术标准及满足招标文件实质性要求的投标文件，根据招标文件规定的量化因素和标准进行价格折算，按照经评审的投标报价由低到高的顺序推荐中标候选人，或根据招标人授权直接确定中标人的评标方法（投标报价低于其成本的除外）。经评审的投标报价相等时，投标报价低的优先；投标报价相等的，由招标人自行确定。

经评审的最低投标价法一般适用于具有通用技术、通用性能标准或招标人对其技术、性能标准没有特殊要求的招标项目。

经评审的最低投标价法的评标原则主要有以下几点。

（1）采用经评审的最低投标价法的，评标委员会应当根据招标文件中规定的评标价格调整方法，对所有投标人的投标报价，以及对投标文件中的商务部分进行必要的价格调整。

（2）采用经评审的最低投标价法的，中标人的投标文件应当符合招标文件规定的技术要求和标准，但评标委员会不需要对投标文件的技术部分进行价格折算。

（3）通过经评审的最低投标价法完成详细评审后，评标委员会应当拟定一份"标价比较表"，连同书面评标报告提交给招标人。"标价比较表"应当载明投标人的投标报价、对商务偏差的价格调整和说明，以及经评审的最终投标报价。

（4）能够满足招标文件的实质性要求，并且是经评审的最低投标价法筛选的投标，应当推荐为第一中标候选人。

 案例分析

【案例】某工程项目采用公开招标方式招标（标底为 4 800 万元），并采用经评审的最低投标价法进行评标。开标前，有甲、乙、丙、丁 4 个投标人递交了投标文件，且 4 个投标人均通过了初步评审，评标委员会对经算术修正后的投标报价进行了详细评审。

招标文件规定工期为 30 个月，工期每提前 1 个月可给招标人带来的预期收益是 60 万元；招标人提供临时用地 600 亩，临时用地的用地费为每亩 0.5 万元。评标价的折算主要考虑投标人所报的租用临时用地的亩数和提前竣工的预期收益两个因素。

投标人甲：算术修正后的投标报价为 6 000 万元，提出需要临时用地 510 亩，承诺的工期为 29 个月。

投标人乙：算术修正后的投标报价为 5 900 万元，提出需要临时用地 580 亩，承诺的工期为 30 个月。

投标人丙：算术修正后的投标报价为 5 500 万元，提出需要临时用地 600 亩，承诺的工期为 28 个月。

投标人丁：算术修正后的投标报价为 5 000 万元，提出需要临时用地 620 亩，承诺的工期为 28 个月。

根据经评审的最低投标价法确定第一中标候选人。

【分析】（1）临时用地价格调整。

投标人甲：$(510-600)\times0.5=-45$（万元）

投标人乙：$(580-600)\times0.5=-10$（万元）

投标人丙：$(600-600)\times0.5=0$（万元）

投标人丁：$(620-600)\times0.5=10$（万元）

（2）提前竣工价格调整。

投标人甲：$(29-30)\times60=-60$（万元）

投标人乙：$(30-30)\times60=0$（万元）

投标人丙：$(28-30)\times60=-120$（万元）

投标人丁：$(28-30)\times60=-120$（万元）

标价比较表如表 4-4 所示。

表 4-4　标价比较表

项目	投标人甲	投标人乙	投标人丙	投标人丁
算术修正后的投标报价（万元）	6 000	5 900	5 500	5 000
临时用地价格调整（万元）	−45	−10	0	10
提前竣工价格调整（万元）	−60	0	−120	−120
经评审的投标价（万元）	5 895	5 890	5 380	4 890
排名	4	3	2	1

投标人丁经评审的投标报价最低，评标委员会推荐其为第一中标候选人。

2. 综合评估法

不宜采用经评审的最低投标价法的招标项目，一般应当采取综合评估法进行评审。

综合评估法是指对施工组织设计、项目管理机构、投标报价、业绩、工期、质量等因素进行综合评价，从而确定中标人的评标方法。根据综合评估法，最大限度地满足招标文件中规定的各项综合评价标准的投标人，应当推荐为第一中标候选人。

衡量投标文件是否最大限度地满足招标文件中规定的各项评价标准，可以采取将各评审因素折算为货币的方法、打分的方法或其他方法。需要量化的评审因素及其权重应当在招标文件中进行明确规定。评标委员会对各评审因素进行量化时，应当将量化指标建立在同一基础或同一标准上，使各投标文件具有可比性。对技术部分和商务部分进行量化后，评标委员会应当对这两部分的量化结果进行加权，计算出综合评估价或综合评估分。

综合评估法的通常做法是，事先在招标文件中对评标的内容进行分类，形成若干评审因素，并确定各项评审因素在百分之内所占的分值和评分标准，评标委员会中的每位成员按照评分标准对每项评审因素赋分，最后统计投标人的得分并进行排名，得分最高者一般为中标人。

根据综合评估法完成评标后，评标委员会应当拟定一份"综合评估比较表"，连同书面评标报告提交给招标人。"综合评估比较表"应当载明投标人的投标报价、所作的任何修正、对商务偏差的调整、对技术偏差的调整、对各评审因素的评估，以及对每一投标的最终评审结果等。

 案例分析

【案例】某国有投资项目通过公开招标的方式选择承包人，开标前，有甲、乙、丙、丁4个投标人递交了投标文件。因该项目技术比较复杂，对施工要求较高，评标委员会采用了综合评估法进行评标，评标的具体规定如下。

该项目评标以100分为满分，在各项评审因素中，投标报价占50分，施工组织设计占40分，项目管理机构占5分，业绩占5分。以有效投标报价的算术平均值为评标基准价，将各投标人的投标报价与评标基准价进行比较，与评标基准价相同得满分，每高1%（作商比较）扣2分，每低1%（作商比较）扣1分，扣完为止。

开标后，经过评标委员会评审，甲、乙、丙、丁4个投标人的投标报价均有效，投标报价及得分情况如表4-5所示。

表4-5　投标报价及得分情况

投标人	投标报价（万元）	施工组织设计得分（分）	项目管理机构得分（分）	业绩得分（分）
甲	3 560	34	4	3
乙	3 440	37	4	4
丙	3 380	33	4	5
丁	3 270	35	4	5

根据综合评估法确定第一中标候选人。

【分析】（1）根据该项目的评标规定可知，有效投标报价的算术平均值为 $(3\ 560+3\ 440+3\ 380+3\ 270)\,/\,4=3\ 412.5$（万元），即评标基准价为3 412.5万元。计算各投标人的投标报价得分，如表4-6所示。

表4-6 各投标人的投标报价得分

投标人	投标报价与评标基准价之比	投标报价扣分（分）	投标报价得分（分）
甲	$3\,560/3\,412.5 \approx 104.3\%$	$(104.3-100) \times 2 = 8.6$	$50-8.6 = 41.4$
乙	$3\,440/3\,412.5 \approx 100.8\%$	$(100.8-100) \times 2 = 1.6$	$50-1.6 = 48.4$
丙	$3\,380/3\,412.5 \approx 99.0\%$	$(100-99.0) \times 1 = 1.0$	$50-1.0 = 49.0$
丁	$3\,270/3\,412.5 \approx 95.8\%$	$(100-95.8) \times 1 = 4.2$	$50-4.2 = 45.8$

（2）计算各投标人综合得分，得到综合评估比较表，如表4-7所示。

表4-7 综合评估比较表

投标人	投标报价得分（分）	其他评审因素得分（分）	综合得分（分）
甲	41.4	$34+4+3 = 41$	82.4
乙	48.4	$37+4+4 = 45$	93.4
丙	49.0	$33+4+5 = 42$	91.0
丁	45.8	$35+4+5 = 44$	89.8

投标人乙综合得分最高，评标委员会推荐其为第一中标候选人。

（四）提交评标报告

评标委员会完成评标后，应当向招标人提交书面评标报告，并将其抄送有关行政监督部门。评标报告应当如实记录以下内容。

（1）基本情况和数据表。

（2）评标委员会成员名单。

（3）开标记录。

（4）符合要求的投标一览表。

（5）否决投标的情况说明。

（6）评标标准、评标方法或评审因素一览表。

（7）经评审的价格或评分比较一览表。

（8）经评审的投标人排序。

（9）推荐的中标候选人名单与签订合同前要处理的事宜。

（10）澄清、说明、补正事项纪要。

评标报告由评标委员会全体成员签字。对评标结论持有异议的评标委员会成员可以书面方式阐述其不同意见和理由。评标委员会成员拒绝在评标报告上签字且不陈述其不同意见和理由的，视为同意评标结论。评标委员会应当对此进行书面说明并记录在案。

向招标人提交书面评标报告后，评标委员会应将评标过程中使用的文件、表格，以及其他资料即刻归还招标人。

 特别提示

在评标过程中，评标委员会如果发现法定否决投标的情况和问题，可以决定对个别或所有的投标文件做否决处理。根据《招标投标法实施条例》规定，有下列情形之一的，评标委员会应当否决其投标。

（1）投标文件未经投标单位盖章或单位负责人签字。

（2）投标联合体没有提交联合体协议书。

（3）投标人不符合国家或招标文件规定的资格条件。

（4）同一投标人提交两个以上不同的投标文件或投标报价，但招标文件要求提交备选投标的除外。

（5）投标报价低于成本或高于招标文件设定的最高投标限价。

（6）投标文件没有对招标文件的实质性要求和条件作出响应。

（7）投标人有串通投标、弄虚作假、行贿等违法行为。

依法必须进行招标的项目，投标人少于三个或所有投标被否决的，招标人在分析招标失败的原因并采取相应措施后，应当依法重新招标。

 任务实施

通过本任务的学习，相信同学们已经知道了任务引入中问题的答案。

该案例中，评标委员会的做法是正确的。投标人戊的投标报价明显低于其他投标报价，其投标报价可能低于成本，应当要求投标人戊进行书面澄清并提供有关证明材料。投标人戊承认为了扩大公司影响力，使公司尽快进入结构加固市场，以低于成本的方式参与了竞标，评标委员会仔细阅读了澄清函，认定投标人戊以低于成本报价竞标，故否决了其投标。

任务三 定 标

任务引入

A 公司拟对完工的大厦进行装饰装修，研究后决定采取公开招标的方式选择合适的施工单位。B 公司参与了投标，并于 6 月 1 日收到 A 公司发出的中标通知书。按 A 公司要求，B 公司于 6 月 15 日进场施工，并同时

某大厦装饰装修工程的施工定标

建样板间，在此前后，双方对样板间的验收标准未进行约定。7月5日，A公司以样板间不合格为由通知B公司，要求B公司3日内撤离施工现场。B公司认为，A公司擅自毁约，不符合《招标投标法》的规定，遂将A公司诉至人民法院，要求其继续履约，并签订装饰装修合同。

思考 简要评价该案例中A公司的要求是否合理，并说明理由。

一、定标依据

定标又称为决标，是指招标人最终确定中标人并授予其合同的过程。定标依据有以下两点，中标人的投标文件符合下列依据之一即可。

（1）能够最大限度满足招标文件中规定的各项综合评价标准。

（2）能够满足招标文件的实质性要求，并且该中标人的投标价格为经评审的最低投标报价（投标价格低于成本的除外）。

国有资金控股或占主导地位的项目，招标人应当确定排名第一的中标候选人为中标人。排名第一的中标候选人放弃中标、因不可抗力提出不能履行合同，或招标文件规定应当提交履约保证金而其在规定的期限内未能提交，或被查实其存在影响中标结果的违法行为等，而不符合中标条件的，招标人可以按照评标委员会提出的中标候选人排名依次确定其他中标候选人为中标人。依次确定的其他中标候选人与招标人预期差距较大，或对招标人明显不利的，招标人可以重新招标。

 特别提示

> 依法必须进行招标的项目，招标人应当自收到评标报告之日起3日内公示中标候选人，公示期不得少于3日。投标人或其他利害关系人对依法必须进行招标的项目的评标结果有异议的，应当在中标候选人公示期间提出。招标人应当自收到异议之日起3日内作出答复；作出答复前，应当暂停招投标活动。
>
> 在确定中标人前，招标人不得与投标人就投标价格、投标方案等实质性内容进行谈判。

二、中标通知书

中标人确定后，招标人应当向中标人发出中标通知书，同时将中标结果通知所有未中标的投标人。中标通知书对招标人和中标人同时具有法律效力。中标通知书发出后，招标人改变中标结果的，或中标人放弃中标项目的，应当依法承担法律责任。

依法必须进行招标的项目，招标人应当自确定中标人之日起15日内，向有关行政监督部门提交招投标情况的书面报告。

三、签订合同

招标人和中标人应当自中标通知书发出之日起 30 日内，依照《招标投标法》和《招标投标法实施条例》的规定签订书面合同，合同的标的、价款、质量、履行期限等主要条款应当与招标文件和中标人的投标文件内容一致。招标人和中标人不得再行订立背离合同实质性内容的其他协议。如果投标文件提出某些实质性偏离的不同意见而发包人也同意接受时，双方应当就这些内容通过谈判达成书面协议。通常的做法是，不改动招标文件中的通用条款和专用条款，将某些条款协商一致后，将改动的部分在合同协议书附录中予以明确。合同协议书附录经双方签字后作为合同的组成部分。

招标文件要求中标人提交履约保证金的，中标人应当按照招标文件的要求提交。履约保证金不得超过中标合同金额的 10%。

中标人应当按照合同约定履行义务，完成中标项目。中标人不得向他人转让中标项目，也不得将中标项目肢解后分别向他人转让。中标人按照合同约定或经招标人同意，可以将中标项目的部分非主体、非关键性工作分包给他人完成。接受分包的人应当具备相应的资格条件，并不得再次分包。中标人应当就分包项目向招标人负责，接受分包的人就分包项目承担连带责任。

任务实施

通过本任务的学习，相信同学们已经知道了任务引入中问题的答案。

A 公司的要求合理。根据《招标投标法》的规定，中标通知书对招标人和中标人具有法律效力。招标人一旦发出中标通知书，招标人和中标人之间便已形成相应的权利和义务关系。招标人有义务、中标人有权利要求自中标通知书发出之日起 30 日内，按照招标文件和中标人的投标文件签订书面合同。

该案例中，A 公司有义务在 7 月 2 日之前与中标人 B 公司签订正式合同，并不得要求 B 公司撤离施工现场，如果 A 公司的违约行为给 B 公司造成损失，则 A 公司还应赔偿 B 公司的损失。

项目实训——模拟开标、评标与定标的过程

1. 实训目的

通过模拟开标、评标和定标的过程，让学生将所学知识与工作实践相结合，加深对理论知识的理解和掌握，培养学生的组织协调能力和语言表达能力。

2. 实训背景

现要对 A 市某小学教学楼屋面防水修缮工程项目进行开标、评标与定标过程的模拟。在本书项目二和项目三的项目实训中,学生针对 A 市某小学教学楼屋面防水修缮工程项目编制了招标文件和投标文件。为了模拟该项目开标、评标与定标的过程,指导教师从中评选出 1 份招标文件和 4 份投标文件,然后根据实际人员需求将学生分为招标人小组、投标人小组（4 组）、监督机构人员小组、开标工作人员小组、评标委员会小组等。各小组根据本项目所学知识,完成对 A 市某小学教学楼屋面防水修缮工程项目开标、评标与定标过程的模拟。

3. 实训内容

按照以下程序完成开标、评标与定标过程的模拟。

（1）开标的过程。

① 开标由班长主持,邀请招标人代表、投标人代表及监督机构人员参加,其他同学旁听。

② 所有列席代表会议签到。

③ 主持人宣布开标纪律。

④ 主持人按照招标文件的规定,现场校验投标人代表的有效身份证件,确认投标人代表的有效性。

⑤ 主持人宣布投标截止日期前递交投标文件的投标人名称。

⑥ 主持人宣布开标人、唱标人、记录人、监标人等有关人员的姓名。

⑦ 由投标人代表检查投标文件的密封情况。

⑧ 主持人宣布开标顺序。

⑨ 唱标人按照宣布的开标顺序当众拆封投标文件,宣读投标人名称、投标价格和投标文件的其他主要内容。招标人设有标底的,应公布标底。

⑩ 投标人代表、招标人代表、记录人、监标人等在开标记录上签字确认。

⑪ 开标结束。

（2）评标的过程。

① 评标准备。评标委员会成员应当认真研究评标所需要的重要信息和数据,了解招标文件、开标会议记录、招标控制价或标底等有关内容。

② 初步评审。评标委员会成员以投标人须知为依据,检查投标文件是否对招标文件的实质性内容进行响应,确定投标文件的有效性,不对投标文件的优劣进行比较。

③ 详细评审。评标委员会对经初步评审合格的投标文件,根据招标文件确定的评标标准和方法,对其技术部分和商务部分进行进一步评审、比较。评标委员会通过详细评审对投标文件分项进行量化比较,从而评定出优劣次序。

④ 提交评标报告。评标委员会完成评标后,应当向招标人提交书面评标报告。书面评标报告应详细记录评标的过程、结果及推荐的中标候选人等信息。

（3）定标的过程。

① 确定中标人。招标人根据评标报告和其他有关资料确定中标人。在确定中标人时，招标人应对中标候选人的施工组织设计、投标报价、服务等因素进行综合评价，确保选择的中标人在综合实力上最优。

② 发出中标通知书。中标人确定后，招标人应当向中标人发出中标通知书，并同时将中标结果通知所有未中标的投标人。

③ 签订合同。招标人和中标人应当自中标通知书发出之日起 30 日内，依照《招标投标法》和《招标投标法实施条例》的规定签订书面合同，合同的标的、价款、质量、履行期限等主要条款应当与招标文件和中标人的投标文件一致。

项目思维导图

项目综合考核

1. 填空题

（1）开标应当在招标文件确定的＿＿＿＿＿＿＿＿＿＿＿＿＿＿＿＿＿＿的同一时间公开进行。

（2）开标会议由＿＿＿＿＿＿＿＿派出主持人主持，并派出代表参加，同时需要安排开标人、唱标人、记录人等开标工作人员，邀请所有投标人参加。

（3）评标活动应遵循＿＿＿＿＿＿、＿＿＿＿＿＿、＿＿＿＿＿＿、＿＿＿＿＿＿的原则。

（4）确定评标专家时，可以采取＿＿＿＿＿＿＿＿或＿＿＿＿＿＿＿的方式。

（5）投标文件的初步评审主要包括＿＿＿＿＿＿＿＿＿、＿＿＿＿＿＿＿＿＿、＿＿＿＿＿＿＿＿＿、＿＿＿＿＿＿＿＿＿等方面。

（6）投标偏差分为＿＿＿＿＿＿＿＿和＿＿＿＿＿＿＿两种类型。

（7）在详细评审过程中，评标委员会常用的评标方法主要包括＿＿＿＿＿＿＿＿和＿＿＿＿＿＿＿＿＿＿＿。

（8）国有资金控股或占主导地位的项目，招标人应当确定＿＿＿＿＿＿＿＿的中标候选人为中标人。

2．选择题

（1）以下关于评标的说法错误的是（　　　）。

    A．评标委员会成员名单一般应于开标前确定

    B．评标委员会成员名单在中标结果确定前应当保密

    C．评标专家应从事有关专业领域工作满6年并具有高级职称或同等专业水平

    D．评标委员会成员不得与任何投标人或与招标结果有利害关系的人进行私下接触

（2）评标委员会成员拒绝在评标报告上签字且不陈述其不同意见和理由的，视为（　　　）。

    A．同意评标结论   B．保留意见

    C．评标结论待定   D．弃权

（3）招标项目开标时，检查投标文件密封情况的应当是（　　　）。

    A．招标人   B．投标人或其推选的代表

    C．招标代理机构人员   D．招标人的纪检部门人员

（4）依法必须进行招标的项目招标时，评标委员会拟由9人组成，根据有关规定，其中技术、经济等方面的专家应不少于（　　　）人。

    A．4   B．5

    C．6   D．7

（5）某政府项目采用公开招标方式选择施工承包人，该项目于6月7日完成评标，6月9日向中标人发出中标通知书，则招标人与中标人应在（　　　）之前签订书面合同。

    A．6月20日   B．7月10日

    C．8月7日   D．8月9日

（6）招标项目开标后发现投标文件存在下列问题，可以继续评标的情况是（　　　）。

    A．没有按照招标文件要求提供投标担保

    B．载明的招标项目完成期限超过招标文件规定的期限

    C．投标报价金额的大小写不一致

    D．没有投标人授权代表签字和加盖公章

（7）以下关于签订合同的说法错误的是（　　　）。

    A．招标人和中标人应当按照招标文件和投标文件的内容确定合同内容

    B．签订书面合同后，招标人和中标人不得再行订立背离合同实质性内容的其他协议

    C．招标人和中标人应当自中标通知书发出之日起30日内签订书面合同

    D．中标人在投标文件中提出的工期比招标文件中的工期短的，以招标文件为准签订合同

3．简答题

（1）简述评标专家的资格要求。

（2）简述大型招标项目的评标程序。

（3）什么是细微偏差？

（4）简述评标委员会应当否决投标的情形。

4．案例分析题

某政府投资项目于 6 月 8 日发布招标公告，招标公告中对招标文件的发放和投标人递交投标文件截止时间的规定如下。

（1）各投标人于 6 月 17 日至 6 月 18 日，每日 9 时 00 分至 16 时 00 分在指定地点领取招标文件。

（2）投标人提交投标文件的截止时间为 7 月 5 日 14 时 00 分。

对招标进行响应的投标人有甲、乙、丙、丁。其中，投标人乙的投标总报价大写金额为壹亿肆仟叁佰贰拾万元整，小写金额为 14 310 万元，其中各分项报价之和为 14 320 万元。评审后确定投标人乙为中标人，其中标价为 14 310 万元。

问题：在该项目的招投标过程中，哪些方面不符合法律法规的有关规定？

项目综合评价

指导教师根据学生实际学习成果进行评价，学生配合指导教师完成如表 4-8 所示的学习成果评价表。

表 4-8 学习成果评价表

班级		组号		日期		
姓名		学号		指导教师		
项目名称		建设工程开标、评标与定标				
项目评价	评价内容				满分/分	评分/分
知识 （40%）	掌握建设工程开标程序				8	
	熟悉建设工程评标原则				6	
	理解建设工程评标要求				7	
	掌握建设工程评标程序				8	
	熟悉建设工程定标依据				6	
	了解中标通知书和签订合同的有关知识				5	
技能 （40%）	能够正确运用建设工程开标、评标与定标知识分析实际案例				10	
	能够正确处理建设工程开标、评标与定标过程中可能出现的问题				10	
	能够正确运用招标文件中规定的评标方法，确定中标候选人				10	
	能够正确模拟开标、评标与定标的过程				10	
素养 （20%）	积极参加教学活动，主动学习、思考、讨论				5	
	逻辑清晰，准确理解和分析问题				5	
	认真负责，按时完成学习、实践任务				5	
	团结协作，与组员之间密切配合				5	
合计					100	
自我评价						
指导教师评价						

项目五

建设工程施工合同及其管理

项目导读

　　建设工程施工合同及其管理是工程建设的重要组成部分，与建设工程的顺利进行和各方利益的平衡实现紧密相连。

　　本项目主要介绍建设工程施工合同的有关概念、类型与选择、主要内容、订立，建设工程施工合同双方的权利与义务，建设工程施工合同的谈判，以及建设工程施工合同的管理、争议解决和解除等。

项目要求

≫ 知识目标

（1）熟悉建设工程施工合同的有关概念、类型与选择、主要内容及订立。

（2）理解建设工程施工合同双方的权利与义务、建设工程施工合同的谈判。

（3）了解建设工程施工合同管理的特点。

（4）掌握建设工程施工合同管理的内容。

（5）熟悉建设工程施工合同争议的解决方式。

（6）理解建设工程施工合同的解除。

≫ 技能目标

（1）能够根据《建设工程施工合同（示范文本）》编写建设工程施工合同。

（2）能够处理一般的建设工程施工合同争议。

≫ 素质目标

（1）培养学生齐心协力、互帮互助的团队精神。

（2）养成严谨的工作态度和踏实的工作作风。

项目工单

1．项目描述

本项目以学生小组共同分析建设工程施工合同的形式，引导学生对本项目的知识内容进行课前预习、课堂学习及课后巩固，从而帮助学生更好地理解和掌握建设工程施工合同及其管理的有关知识。指导教师需要准备一份完整的建设工程施工合同，并指导学生以小组为单位分析该合同的主要内容与关键信息。

2．小组分工

以 3～5 人为一组，选出组长并进行分工，将小组成员及分工情况填入表 5-1 中。

表 5-1　小组成员及分工情况

班级：　　　　　　　　　组号：　　　　　　　　　指导教师：

小组成员	姓名	学号	分工
组长			
组员			

3．小组讨论

在开展活动前，请各组组长组织组员学习有关资料，讨论下列引导问题。

引导问题 1：订立建设工程施工合同应具备哪些条件？

引导问题 2：建设工程施工合同中发包人和承包人的主要义务有哪些？

引导问题 3：建设工程施工合同管理有哪些特点？

引导问题 4：发包人和承包人的违约行为有哪些？

4．制订计划

根据小组分工，每人制订一份学习计划，并在组内进行阐述。组员之间进行提问与答疑，选出最佳的学习计划，并将其填写在表 5-2 中。

表 5-2　学习计划

序号	学习内容	负责人
1		
2		
3		
4		
5		
6		

5．学习记录

按照本组选出的最佳学习计划进行有关知识的学习，并对指导教师提供的建设工程施工合同进行分析，将其主要内容的关键信息和分析过程中遇到的问题及其解决方法记录在表 5-3 中。

表 5-3　学习记录表

班级：　　　　　　　　　　组号：

序号	建设工程施工合同的主要内容	关键信息	分析过程中遇到的问题及其解决方法
1	合同协议书		
2	中标通知书		
3	投标函及其附录		
4	专用合同条款及其附件		
5	通用合同条款		
6	技术标准和要求		
7	图纸		
8	已标价工程量清单或预算书		
9	其他合同文件		

任务一 认识建设工程施工合同

任务引入

某住宅楼工程项目通过招标选择了某建筑公司进行施工，发承包双方根据《建设工程施工合同（示范文本）》确定合同。其中，合同部分约定如下。

（1）合同的主要内容与解释顺序依次是：① 合同协议书；② 投标函及其附录；③ 会议纪要等其他文件；④ 专用合同条款及其附件；⑤ 通用合同条款；⑥ 中标通知书；⑦ 技术标准和要求；⑧ 已标价工程量清单；⑨ 图纸。

（2）因施工图纸设计尚未全部完成，故工程量不能完全确定，但施工图纸能满足施工进度要求，因此双方签订了固定总价合同，合同总价为 2 000 万元。

（3）发包人向承包人提供施工场地的工程地质和地下管线资料，供承包人参考。

（4）承包人项目经理在开工前由承包人采用内部竞聘方式确定。

（5）工程质量应符合发包人规定的质量标准。

（6）合同工期 290 日历天，开工日期为 2024 年 9 月 1 日，竣工日期为 2025 年 6 月 30 日，合同工期总日历天数 303 天（扣除节假日 15 天）。

（7）承包人负责主体工程施工，将装修工程分包给符合资质要求的分包人，承包人就主体工程的质量和安全向发包人负责，分包部分工程的质量和安全由分包人向发包人负责。

 思考 请逐条指出上述合同条款中的不妥之处，并说明原因。

一、建设工程施工合同及其有关概念

（一）合同

合同是民事主体之间设立、变更、终止民事法律关系的协议。依法订立的合同受法律保护。

（二）建设工程合同

建设工程合同是指在工程建设过程中，发包人与承包人依法订立的、明确双方权利与义务关系的协议。建设工程合同包括工程勘察、设计、施工合同。发承包双方在订立建设工程合同时，应当采用书面形式。

（三）建设工程施工合同

建设工程施工合同（以下简称施工合同）是指发包人与承包人就完成具体工程的建设施工、设备安装、工程保修等工作内容，明确双方权利与义务关系的协议。施工合同的当事人是发包人和承包人，双方是平等的民事主体。发承包双方签订施工合同，必须具备相应资质条件和履行施工合同的能力。工程建设时，发包人必须具备组织协调能力，承包人必须具备有关部门核发的资质等级并持有营业执照等证明文件。施工合同是工程质量控制、进度控制、投资控制的主要依据。

二、施工合同的类型与选择

（一）施工合同的类型

施工合同按照不同的分类标准可以分成不同类型，其中，按合同计价方式的不同，可以分为单价合同、总价合同和其他价格形式合同。

1．单价合同

单价合同是指发承包双方约定以工程量清单及其综合单价进行合同价格计算、调整和确认的合同。单价合同可以合理分摊工程风险，并能够激励承包人通过提高工作效率等方式，达到节约成本和提高利润的目的，因此得到了广泛应用。单价合同可以分为固定单价合同和可调单价合同两种形式。

1）固定单价合同

固定单价合同又称为工程量清单合同，是指在履行施工合同的过程中，工程量清单中的单价固定不变，工程量可以变化，结算时，工程款按不变的单价和实际的工程量计算的合同。采用固定单价合同时，承包人应按合同规定对单价的正确性和合理性负责，需要承担价格波动的风险，而发包人需要承担工程量变化的风险。

特别提示

固定单价合同能够订立的关键在于发承包双方对单价和实际工程量计算方法的确认。

2）可调单价合同

可调单价合同是指发承包双方可以约定一个估计的工程量和允许工程量变化的幅度，同时还约定当实际工程量发生变化时如何对单价进行调整的合同。一般来讲，当实际工程量在约定变化幅度内时，不必对单价进行调整；当实际工程量发生较大变化时，可以对单价进行调整。采用可调单价合同时，承包人承担的风险相对较小。

案例分析

【案例】发包人 A 与承包人 B 签订了一份办公楼施工合同。合同约定为单价合同，规定每个分项工程的实际工程量增加（或减少）超过招标文件中工程量的 8% 时调整单价。承包人 B 按时提供了施工方案及进度计划，并得到了发包人 A 的认可。

在实际施工过程中，因设计变更，甲工序工程量由招标文件中的 $200\ \text{m}^3$ 增至 $240\ \text{m}^3$，超出部分超过了招标文件中工程量的 8%，合同中该工序的综合单价为 50 元/m^3。经协商，超出招标文件中工程量 8% 的部分，其综合单价调整为 45 元/m^3。

【问题】甲工序结算价款应为多少？

【分析】甲工序增加的工程量为 $240-200=40\ (\text{m}^3)$，招标文件中甲工序工程量的综合单价按 50 元/m^3 结算，超出部分的综合单价按 45 元/m^3 结算，则甲工序的结算价款应为 $(200+200\times8\%)\times50+(240-200-200\times8\%)\times45=11\,880\,(\text{元})$。

2. 总价合同

总价合同是指发承包双方约定以施工图、已标价工程量清单或预算书及有关条件进行合同总价计算、调整和确认的合同。总价合同能够方便发包人进行支付计算。总价合同可以分为固定总价合同和可调总价合同两种形式。

1）固定总价合同

固定总价合同是指发承包双方签订合同时，对需要完成的全部工程量及为完成该工程量而实施的全部工作的价格进行约定，在约定的范围内，合同总价款不作调整的合同。在固定总价合同中，由于其价格不因环境的变化和工程量的增减而变化，因此承包人承担了全部的工程量风险和价格风险。采用固定总价合同时，发包人必须提供详细且全面的技术图纸和各项说明，使承包人能够准确计算工程量。

 案例分析

【案例】甲公司拟建员工宿舍楼，采用公开招标的形式招标，最终乙公司中标。甲、乙两家公司签订施工合同时，约定采用固定总价合同，合同总价款 600 万元。乙公司按期完成工程任务，质量合格。在施工过程中，由于乙公司采用了新技术，因而较合同中的工程量清单少用 50 t 钢材（价值约 100 万元）。在工程结算时，甲公司以乙公司少用钢材为由，拒付该部分工程款。乙公司为此提起诉讼，要求甲公司按合同价款支付 600 万元工程款。

【问题】如果你是法官，应如何处理该案件？

【分析】应按原合同执行，甲公司向乙公司支付 600 万元工程款。

乙公司在签订固定总价合同后，在保证质量的情况下，采用新技术节约材料，不仅是为了企业自身的利益，也符合社会的价值取向，其行为应该被鼓励。如果甲公司认为乙公司报价过高，那属于签订合同之前的问题，合同一经签订就应该严格履行，甲公司不能因乙公司节约材料而拒绝支付原定价款，也不能因自身签约时的过失而推卸责任。

2）可调总价合同

可调总价合同是指发承包双方签订合同时，以招标文件的要求和当时的物价计算合同总价，但如果在合同履行过程中，由于通货膨胀等因素引起工料成本增加，使合同总价的变化达到合同约定的幅度时，合同总价可以进行相应调整的合同。采用可调总价合同时，发包人需要承担通货膨胀等因素的主要风险，承包人需要承担通货膨胀等因素的次要风险及除通货膨胀等因素外的其他风险。

> 📱 **特别提示**
>
> 可调总价合同应在合同内明确约定合同价款的调整原则、方法和依据。

3．其他价格形式合同

其他价格形式合同有成本加酬金合同、定额计价合同等。发承包双方可在专用合同条款中约定其他价格形式合同。

成本加酬金合同是指由发包人向承包人支付工程项目的实际成本，并按事先约定的某种方式支付酬金的合同。采用成本加酬金合同时，发包人需要承担工程项目实际发生的一切费用，因此也就承担了全部风险。而承包人由于无风险，往往不注意降低成本，其报酬通常也较低。

定额计价合同是指发承包双方根据招标文件，按照中华人民共和国住房和城乡建设部发布的《建设工程预算定额》的"工程量计算规则"，同时参照省级建设行政主管部门发布的人工工日单价、机械台班单价、材料与设备价格信息及同期市场价格，计算出直接工程费，再按照规定的计算方法计算间接费、利润、税金，汇总确定工程价款。采用定额计价合同时，发承包双方共用一套定额和费用标准，一旦定额价与市场价脱节，会影响计价的准确性。

（二）施工合同的选择

发承包双方在选择施工合同的类型时，需要全面分析工程项目的特点，认真考虑各项影响因素，包括项目规模和工期、项目竞标情况、项目复杂程度、单项工程的明确程度、项目的准备时间、外部环境因素等，以确保施工合同的类型与工程项目的特点完美契合，从而推动工程项目顺利进行。

施工合同的选择

1．项目规模和工期

规模小、工期短的项目可以选择单价合同、总价合同、成本加酬金合同等，因为这类项目风险小、不可预测的因素少。对于此类项目，发承包双方多采用总价合同。规模大、工期长的项目不宜采用总价合同，因为这类项目风险大、不可预测的因素多，但可选择单价合同。

2．项目竞标情况

如果某一项目竞标的承包人较多，则发包人拥有较多的主动权，可按照总价合同、单价合同、成本加酬金合同的顺序进行选择；如果某一项目竞标的承包人较少，则承包人拥有较多的主动权，发包人可以尽量选择承包人愿意采用的合同类型。

3．项目复杂程度

如果项目的复杂程度较高，意味着项目的风险较大且对承包人的技术水平要求较高，则承包人拥有较多的主动权，总价合同一般不会被选用；如果项目的复杂程度较低，则发包人拥有较多的主动权，总价合同被选用的可能性较大。

4．单项工程的明确程度

如果单项工程的分类和工程量都已十分明确，可以选择单价合同、总价合同、成本加酬金合同等；如果单项工程的分类已详细明确，但实际工程量与预计工程量可能有较大出入时，应优先选择单价合同；如果单项工程的分类和工程量都不明确，则不宜选择单价合同，此时可选择成本加酬金合同。

5．项目准备时间

项目的准备时间包括发包人的准备时间和承包人的准备时间。项目的准备时间不同，选择的施工合同类型也不同，总价合同需要的准备时间最长，成本加酬金合同需要的准备时间最短。对于一些非常紧急的项目（如抢险救灾等），给予发包人和承包人的准备时间非常短，因此，此类项目最宜采用成本加酬金的合同类型。

6．外部环境因素

外部环境因素包括工程项目所在地的政治局势、经济局势、劳动力素质、生活条件、交通状况等。如果外部环境恶劣，则意味着项目的成本高、风险大、不可预测的因素多，承包人很难接受总价合同，而较易接受成本加酬金的合同类型。

总之，在选择施工合同类型时，一般情况下是发包人拥有较多的主动权。但发包人不能单纯考虑己方利益，还应当综合考虑项目的各种影响因素，考虑承包人的承受能力，选择发承包双方都能认可的施工合同类型。

三、施工合同的主要内容

为了指导建设工程施工合同当事人的签约行为，维护合同当事人的合法权益，中华人民共和国住房和城乡建设部、国家市场监督管理总局联合编制了《建设工程施工合同（示范文本）》（简称《示范文本》）。《示范文本》为非强制性使用文本，适用于房屋建筑工程、土木工程、线路管道和设备安装工程、装修工程等建设工程的施工发承包活动，合同当事人可结合建设工程具体情况，根据《示范文本》订立合同，并按照法律法规和合同约定承担相应的法律责任及合同权利与义务。《示范文本》中施工合同的主要内容包括合同协议书、中标通知书、投标函及其附录、专用合同条款及其附件、通用合同条款、技术标准和要求、图纸、已标价工程量清单或预算书、其他合同文件等。

（一）合同协议书

合同协议书是《示范文本》中的总纲性文件，它集中约定了合同当事人基本的合同权利与义务，规定了组成合同的文件及合同当事人对履行合同义务的承诺。合同当事人要在合同协议书上签字盖章，因此合同协议书具有很强的法律效力。合同协议书包括工程概况、合同工期、质量标准、签约合同价和合同价格形式、项目经理、合同文件构成、承诺及合同生效条件等重要内容。

（二）中标通知书

中标通知书是发包人通知承包人中标的书面文件，主要包括中标工程名称、中标价格、工程范围、工期、开工及竣工日期、质量等级等内容。

（三）投标函及其附录

施工合同中的投标函及其附录与投标文件中的投标函及其附录在格式和内容上是一样的。

（四）专用合同条款及其附件

专用合同条款是对通用合同条款的原则性约定进行细化、完善、补充、修改或另行约定的条款。合同当事人可以根据不同建设工程的特点及具体情况，通过谈判、协商对相应的专用合同条款进行修改、补充。专用合同条款附件主要包括发包人供应材料设备一览表、工程质量保修书、主要建设工程文件目录、承包人用于本工程施工的机械设备表、承包人主要施工管理人员表、分包人主要施工管理人员表、履约担保格式、预付款担保格式、支付担保格式、暂估价一览表等。

特别提示

> 在使用专用合同条款时，应注意以下事项。
> （1）专用合同条款的编号应与相应的通用合同条款的编号一致。
> （2）合同当事人可以通过修改专用合同条款，满足具体建设工程的特殊要求，避免直接修改通用合同条款。
> （3）在专用合同条款中需要填写的地方，合同当事人可针对相应的通用合同条款进行细化、完善、补充、修改或另行约定；如无细化、完善、补充、修改或另行约定，则填写"无"或"/"。

（五）通用合同条款

通用合同条款是根据有关建设工程施工的法律法规的规定，就工程建设的实施及有关事项，对合同当事人的权利与义务作出的原则性约定。通用合同条款的安排既考虑了现行法律法规对建设工程的有关要求，也考虑了建设工程施工管理的特殊需要。

（六）技术标准和要求

技术标准和要求包括一般要求、特殊要求，以及适用的国家、行业及地方规范、标准和规程。其中，一般要求主要是对工程概况、现场条件、周围环境、承包范围、工期、质量、适用的规范和标准等方面在期限、技术、标准、程度、内容等方面的相应要求；特殊要求主要是对承包人自行施工范围内的材料和工程设备，新技术、新材料和新工艺等方面在技术和操作方面的有关要求。

（七）图纸

图纸包括由发包人按照合同约定提供或经发包人批准的设计文件、施工图、鸟瞰图及模型等，以及在合同履行过程中形成的图纸文件。

 特别提示

> 若发包人对工程有保密要求，应在专用合同条款中提出，保密措施费用由发包人承担，承包人在约定保密期限内履行保密义务。承包人未经发包人同意，不得将图纸转给第三人。

（八）已标价工程量清单或预算书

已标价工程量清单是由承包人按照规定的格式和要求填写并标明价格的工程量清单，包括说明和表格。预算书是由承包人按照发包人规定的格式和要求编制的工程预算文件。

目前施工合同中一般采用已标价工程量清单。

（九）其他合同文件

其他合同文件是指合同当事人约定的与工程施工有关的具有合同约束力的其他文件或书面协议，常见的其他合同文件有项目组织管理机构情况、房屋建筑工程质量保修书、建设工程廉政责任书等。

特别提示

（1）施工合同的各项内容包括合同当事人就该项合同内容所进行的补充和修改，属于同一类内容的，应以最新签署的文件为准。在合同订立及履行过程中形成的与合同有关的内容均是合同的组成部分。

（2）施工合同的各项内容应能够互相解释、互相说明。当合同内容出现不一致时，上面的顺序就是合同的优先解释顺序。当出现合同内容含糊不清或合同当事人有不同理解时，按合同争议的解决方式处理。

四、施工合同的订立

（一）施工合同订立的条件

施工合同订立时，工程项目应具备以下条件。

（1）初步设计已经批准。

（2）工程项目已经列入年度建设计划。

（3）有能够满足施工需要的设计文件和有关技术资料。

（4）建设资金和主要建筑材料设备来源已经落实。

（5）实行招投标的工程项目，中标通知书已经下发。

（二）施工合同订立的原则

为了保证施工合同的订立有效，发承包双方在订立施工合同过程中，应遵循平等、自愿、公平、诚信、绿色等原则。

1. 平等原则

民事主体在民事活动中的法律地位一律平等。在订立施工合同过程中，发承包双方具有平等的法律地位，任何一方都不得强迫对方接受不平等的合同条件。

2. 自愿原则

民事主体从事民事活动，应当遵循自愿原则，按照自己的意愿设立、变更、终止民事法律关系。发承包双方在订立施工合同过程中，可以按照自己的真实意愿设立、变更、终止合同，不受任何单位和个人的非法干预。

3．公平原则

民事主体从事民事活动，应当遵循公平原则，合理确定各方的权利与义务。发承包双方在订立施工合同过程中，应当是公平的，不能单纯损害一方的利益。对于显失公平的施工合同，发承包双方都有权向人民法院或仲裁机构申请予以变更或撤销。

4．诚信原则

民事主体从事民事活动，应当遵循诚信原则，秉持诚实，恪守承诺。发承包双方在订立施工合同过程中，应当诚实守信，如实将自身情况和工程情况介绍给对方，不得有欺诈行为。

5．绿色原则

民事主体从事民事活动，应当有利于节约资源、保护生态环境。发承包双方在订立施工合同过程中，应有保护环境、建设生态文明、实现可持续发展的理念。

特别提示

民事主体从事民事活动，不得违反法律，不得违背公序良俗。发承包双方在订立施工合同过程中，不仅应当遵守法律、行政法规，而且应当尊重社会道德，不得扰乱社会经济秩序，不得损害社会公共利益。

（三）施工合同订立的两个阶段

施工合同的订立应经过要约和承诺两个阶段。要约是希望与他人订立施工合同的意思表示，承诺是被要约人同意要约的意思表示。在工程招投标过程中，招标人发布的招标公告、投标邀请书和招标文件属于要约邀请，即招标人向投标人发出要约的意思表示。投标人根据发包人提供的招标文件在约定时间内发出的投标文件即为要约。招标人通过评标和定标，向投标人发出的中标通知书即为承诺。

中标通知书发出后，招标人和中标人就完成了合同缔结过程，招标人和中标人应当及时订立合同。

（四）施工合同订立的注意事项

施工合同订立的注意事项如下。

（1）仔细阅读使用的合同文本，掌握有关施工合同的法律法规。

（2）严格审查发包人资质等级及履约信用。

（3）关于工期、质量、造价的约定，是施工合同的重要内容，应特别重视。

（4）应对工程进度拨款和竣工结算程序进行详细规定。

（5）总包合同中应具体规定发包人、总包人和分包人各自的责任和相互关系。

（6）明确规定监理人及发承包双方管理人员的职责和权限。

（7）不可抗力要量化。

（8）运用担保条件，降低风险系数。

（9）对材料设备采购和检验，施工现场安全管理，违约责任等条款也应充分重视，给出具体、明确的约定。

特别提示

> 不可抗力是指合同当事人在签订合同时不能预见，在合同履行过程中不能避免且不能克服的自然灾害和社会性突发事件，如地震、海啸、瘟疫、骚乱、戒严、暴动、战争和专用合同条款中约定的其他情形。

五、施工合同双方的权利与义务

发承包双方在施工合同中各自扮演着明确的角色，分别享有一系列的权利并承担一系列的义务，这些权利与义务相互关联和制约，共同构成了发承包双方合作的基础和框架。

（一）发包人的权利与义务

发包人作为工程项目的发起人和委托人，在整个工程建设过程中扮演着举足轻重的角色，其享有的权利和需要承担的义务不仅直接影响着工程的进度和质量，还关系到各方的利益。

1. 发包人的权利

在履行施工合同的过程中，发包人主要享有以下权利。

（1）有权选定施工总承包人和各专业承包人。

（2）有权对工程结构设计和其他专业设计中的技术问题，向设计单位提出建议。

（3）有权审批工程施工组织设计和技术方案，并按照保质量、保工期、降成本的原则向承包人提出建议。

（4）有权对施工进度进行检查和监督。

（5）在施工合同约定的工程价格内，有权对工程款的支付进行审核和签认。

（6）有权对已经竣工且符合施工合同要求的工程及时组织竣工验收。

（7）承包人违反施工合同约定或国家有关规定时，有权要求其赔偿损失或承担违约责任。

（8）有权得到完整、符合施工合同约定的建筑产品。

2．发包人的义务

在履行施工合同的过程中，发包人应遵守有关法律和工程建设标准规范，并承担办理许可或批准、提供施工现场、提供施工条件、提供基础资料、提供资金来源证明及支付担保、支付合同价款、组织竣工验收、签订现场统一管理协议等义务。

1）办理许可或批准

发包人应遵守法律，办理法律规定由其办理的许可或批准，包括但不限于建设用地规划许可证、建设工程规划许可证、建设工程施工许可证，以及施工所需临时用水、临时用电、中断道路交通、临时占用土地等许可或批准。发包人应协助承包人办理法律规定的有关施工证件和批件。

因发包人原因未能及时办理完毕上述许可或批准的，由发包人承担由此增加的费用和（或）延误的工期，并支付承包人合理的利润。

2）提供施工现场

除专用合同条款另有约定外，发包人最迟应于开工日期7天前向承包人移交施工现场。

3）提供施工条件

除专用合同条款另有约定外，发包人应负责提供施工所需的条件，具体包括以下内容。

（1）将水、电、通信线路等施工所需的条件接至施工现场。

（2）保证向承包人提供正常施工所需的进入施工现场的交通条件。

（3）协调处理施工现场周围地下管线和邻近建筑物、构筑物、古树名木的保护工作，并承担有关费用。

（4）提供专用合同条款约定提供的其他设施和条件。

4）提供基础资料

发包人应当在移交施工现场前向承包人提供施工现场及工程施工所需的毗邻区域内的供水、排水、供电、供气、供热、通信、广播电视等地下管线资料，气象和水文观测资料，地质勘察资料，相邻建筑物、构筑物和地下工程等有关基础资料，并对所提供资料的真实性、准确性和完整性负责。

按法律规定确实需要在开工后才能提供的基础资料，发包人应尽其努力及时在相应工程施工前的合理期限内提供，合理期限应以不影响承包人的正常施工为限。

5）提供资金来源证明及支付担保

除专用合同条款另有约定外，发包人应在收到承包人要求提供资金来源证明的书面通知后28天内，向承包人提供能够按合同约定支付合同价款的相应资金来源证明。

除专用合同条款另有约定外，发包人要求承包人提供履约担保的，发包人应当向承包人提供支付担保。支付担保可以采用银行保函或担保公司担保等形式，具体由合同当事人在专用合同条款中进行约定。

6）支付合同价款

发包人应按合同约定向承包人及时支付合同价款。

7）组织竣工验收

发包人应按合同约定及时组织竣工验收。

8）签订施工现场统一管理协议

发包人应与承包人签订施工现场统一管理协议，明确各方的权利与义务。施工现场统一管理协议作为专用合同条款的附件。

特别提示

　　《示范文本》除涉及发包人的义务外，也对监理人的义务进行了规定。监理人是指在专用合同条款中指明的，受发包人委托按照法律规定进行工程监督管理的法人或其他组织。发包人可以委托监理人监督全部或部分施工合同的履行。监理人应当根据发包人授权及法律规定，代表发包人对工程施工有关事项进行查验、审核、验收等，并以书面形式签发有关指示，但监理人无权修改合同，且无权减轻或免除合同约定的承包人的任何责任与义务。

（二）承包人的权利与义务

承包人作为工程建设的实施人，肩负着将设计方案转化为实际建筑产品的重任，其享有的权利和需要承担的义务不仅关系到自身利益，还会直接影响整个工程建设的成败。

1．承包人的权利

在履行施工合同的过程中，承包人主要享有以下权利。

（1）有权按照施工合同约定取得工程价款和其他有关费用。

（2）有权按照施工合同约定的施工组织设计，自主组织施工，不受非法干预。

（3）有权对发包人提供的图纸、技术要求等进行复核，并提出修改意见。

（4）有权拒绝执行发包人违反施工合同约定或法律规定的指示。

（5）有权按照施工合同的约定自主采购工程材料、设备、构配件等，有权拒绝使用发包人提供的工程材料、设备、构配件等。

（6）在施工过程中，当遇到停水、停电等不可抗力因素时，有权要求顺延工期。

2．承包人的义务

在履行施工合同的过程中，承包人应遵守有关法律和建设工程标准规范，并履行以下义务。

（1）办理法律规定应由承包人办理的许可或批准，并将办理结果书面报送发包人留存。

（2）按法律规定和施工合同约定完成工程，并在保修期内承担保修义务。

（3）按法律规定和施工合同约定采取施工安全措施，办理工伤保险，确保工程及人员、材料、设备和设施的安全，防止因工程施工造成人身伤害和财产损失。

（4）按施工合同约定的工作内容和施工进度要求，进行施工组织设计、编制施工措施计划，并对所有施工作业和施工方法的完备性和安全可靠性负责。

（5）在进行施工合同约定的各项工作时，不得侵害发包人与他人使用公用道路、水源、市政管网等公共设施的权利，避免对邻近的公共设施产生干扰。承包人占用或使用他人的施工场地，影响他人作业或生活的，应承担相应责任。

（6）按环境保护有关约定负责施工场地及其周边环境与生态的保护工作。

（7）将发包人按施工合同约定支付的各项价款专款专用，且应及时支付其雇佣人员工资，并及时向分包人支付合同价款。

（8）按法律规定和施工合同约定编制竣工资料，完成竣工资料立卷及归档，并按专用合同条款约定的竣工资料套数、内容、时间等要求将其移交发包人。

（9）应履行的其他义务。

特别提示

　　项目经理是承包人正式聘用的员工，是由承包人任命并派驻施工现场，在承包人授权范围内负责合同履行，且按照法律规定具有相应资格的项目负责人。专用合同条款中应明确项目经理的姓名、职称、注册执业证书编号、联系方式及授权范围等事项。项目经理一旦确定，承包人不能随意更换。项目经理应常驻施工现场，且每月在施工现场的时间不得少于专用合同条款约定的天数。项目经理按合同约定组织工程实施。在紧急情况下，为确保施工安全和人员安全，在无法与发包人和监理人及时取得联系时，项目经理有权采取必要的措施保证工程本身及与工程有关的人身、财产的安全，但应在 48 h 内向发包人和监理人提交书面报告。

六、施工合同的谈判

在招标过程中，由于时间紧迫或准备不足等原因，招标文件中可能存在缺陷和漏洞，如工程范围含糊不清、合同条款较抽象、技术要求不合理等，为保证工程顺利实施，需要通过合同谈判完善合同条款，弥补招标文件的不足。同时，在市场竞争激烈的背景下，承包人往往需要面对不利的合同条件，通过合同谈判，承包人可以争取改善自己的不利处境，谋求公正合理的权益。施工合同谈判一般可以分为标前谈判和标后谈判两个阶段。

（一）标前谈判

标前谈判是指在定标前投标人与发包人进行的谈判。此时工程尚处在竞标阶段，投标人处于守势，应尽量少提修改意见，避免引起发包人的反感。

（二）标后谈判

标后谈判是指中标后中标人与发包人在签订合同前进行的谈判。此时其他的投标人已被排斥在外，中标人应积极争取修改风险型条款和过于苛刻的条款，对原则问题不能退让和客气，争取对自己有利的方案。在进行标后谈判时，中标人应注意以下几个方面。

（1）做好谈判前的准备工作。在谈判前要认真做好各项准备工作，包括了解合同的基本内容、明确自己的利益和立场、预测对方的立场和态度等。同时，还要收集和整理有关的资料和信息，包括工程设计图、施工计划、材料价格等，以便在谈判中做到心中有数。

（2）确定谈判的议程和目标。在谈判前要明确谈判的议程和目标，包括发承包双方关注的重点和分歧点，以及达成协议所需具备的条件和标准等。同时，还要确定谈判的底线和灵活性，以便在谈判中做出适当的妥协和让步。

（3）以真诚合作的态度进行谈判。由于施工合同已经成立，准备工作需要紧锣密鼓地进行。中标人千万不能让发包人认为其是在故意找施工合同中的问题，以此提高价格。即使发包人不让步，中标人也不要争执，否则会制造一个紧张的开端，进而影响整个工程的实施。

任务实施

通过本任务的学习，相信同学们已经知道了任务引入中问题的答案。

第（1）项中合同的主要内容与解释顺序的排序不对。根据《示范文本》通用合同条款中的有关规定，正确的顺序为：① 合同协议书；② 中标通知书；③ 投标函及其附录；④ 专用合同条款及其附件；⑤ 通用合同条款；⑥ 技术标准和要求；⑦ 图纸；⑧ 已标价工程量清单；⑨ 会议纪要等其他文件。

第（2）项中采用固定总价合同不妥。该工程施工设计图纸尚未完成，工程量不明确，不宜采用固定总价合同，宜优先选择单价合同。

第（3）项中供承包人参考不妥。根据《示范文本》通用合同条款中的有关规定，发包人应当在移交施工现场前向承包人提供施工现场及工程施工所需的毗邻区域内的供水、排水、供电、供气、供热、通信、广播电视等地下管线资料，气象和水文观测资料，地质勘察资料，相邻建筑物、构筑物和地下工程等有关基础资料，并对所提供资料的真实性、准确性和完整性负责。

第（4）项中承包人在开工前采用内部竞聘方式确定项目经理不妥，应为投标文件中确认的项目经理。根据《示范文本》通用合同条款中的有关规定，项目经理应为合同当事人所确认的人选，并应在专用合同条款中明确项目经理的姓名、职称、注册执业证书编号、联系方式及授权范围等事项，项目经理经承包人授权后代表承包人负责履行合同。

第（5）项中工程质量标准为发包人规定的质量标准不妥。该工程是住宅楼工程，目前对该类工程尚不存在其他可以明示的企业或行业的质量标准。因此，不应以发包人规定的质量标准作为该工程的质量标准，而应以 GB 50300—2013《建筑工程施工质量验收统一标准》中规定的质量标准作为该工程的质量标准。

第（6）项中合同工期扣除节假日不妥。合同工期是总日历天数，应为 303 天，不应扣除节假日。

第（7）项中分包部分工程的质量和安全由分包人向发包人负责不妥。承包人将部分工程分包，则其作为总承包人，根据有关法律法规的规定，总承包人和分包人对分包工程的安全和质量承担连带责任。

任务二　管理建设工程施工合同

任务引入

某学校拟新建学生宿舍楼，A 建筑公司经过竞争中标。A 建筑公司与该学校签订建设工程施工合同，明确 A 建筑公司保质、保量、保工期地完成该学生宿舍楼施工任务。工程竣工后，A 建筑公司向学校提交了竣工报告。学校认为工程质量好，双方合作愉快，为不影响学生开学入住，没有组织验收便直接将宿舍楼投入使用。在使用中学校发现宿舍楼存在质量问题，遂要求 A 建筑公司维修。A 建筑公司则认为由于工程未经验收便提前使用，因此使用中出现的质量问题，不应由自己承担责任。

思考

（1）分析该案例中出现的质量问题应由谁承担有关责任。

（2）如果该工程项目实施了监理，出现上述问题监理人应如何处理？监理人是否应承担一定责任？

（3）发生上述纠纷，学校和 A 建筑公司可以通过哪些方法解决？

施工合同管理是指各级工商行政管理机关、建设行政主管机关，以及建设单位、监理单位、建筑施工企业等，依据法律法规，采用法律和行政手段，对施工合同关系进行组织、指导、协调及监督，保护合同当事人的合法权益，调解合同纠纷，防止和制裁违法行为，保证施工合同贯彻实施的一系列法定活动。各级工商行政管理机关、建设行政主管机关对施工合同进行宏观管理，建设单位、监理单位、建筑施工企业等对施工合同进行微观管理。

一、施工合同管理的特点

施工合同管理的特点是由工程项目的特点与环境、合同的性质与作用等决定的，主要表现为长期性、效益性与风险性、不确定性、综合性与全面性等。

（1）长期性。施工合同管理不仅包括对合同的谈判、签订、变更和解除过程的控制及管理，而且贯穿招投标、工程施工、竣工验收和工程保修等过程，因此，施工合同管理是一项长期的、循序渐进的工作。

（2）效益性与风险性。在工程实际中，由于工程价值量大，合同价格高，合同实施时间长、涉及面广，受政治、经济、社会、法律和自然条件等的影响较大，因此，施工合同管理水平的高低会直接影响发承包双方的经济效益，施工合同管理过程中常常隐藏着许多难以预测的风险。

（3）不确定性。在工程实施过程中，有很多不可预见的事件，所以施工合同变更非常频繁。一般情况下，一个稍大的工程，其施工合同在实施过程中的变更能有几百项。

（4）综合性与全面性。施工合同管理具有总控制和总协调作用，因此是一项综合、全面的管理活动。施工合同管理是建设单位与建筑施工企业项目管理的核心，在现代建设工程项目管理中已成为与项目进度控制、质量控制、投资控制和信息管理并列的重要管理内容之一。

二、施工合同管理的内容

施工合同管理的内容主要包括施工质量管理、施工进度管理、工程价款管理、其他管理等。

（一）施工质量管理

施工质量管理涉及许多方面的因素，任何一个方面的缺陷和疏漏，都会使工程质量无法达到预期的标准。下面主要介绍对材料与设备的质量控制和对工程质量标准及质量检查的规定。

1．对材料与设备的质量控制

为了保证工程项目达到投资建设的预期目标，确保施工质量至关重要。对施工质量进行严格控制的基础是对所使用的材料与设备进行质量控制。对材料与设备的质量控制主要包括对发包人供应的材料与设备的质量控制和对承包人采购的材料与设备的质量控制两个方面。

1）对发包人供应的材料与设备的质量控制

发包人自行供应材料与设备的，应在签订合同时在专用合同条款的附件"发包人供应材料设备一览表"中明确材料与设备的品种、规格、型号、数量、单价、质量等级和送达地点。发承包双方应遵循以下规定。

（1）承包人应提前30天通过监理人以书面形式通知发包人供应的材料与设备进场。承包人按约定修订施工进度计划时，需要同时提交修订后的发包人供应材料与设备的进场计划。

（2）发包人应按"发包人供应材料设备一览表"约定的内容供应材料与设备，并向承包人提供产品合格证明及出厂证明，对材料与设备的质量负责。

（3）发包人应提前 24 h 以书面形式通知承包人和监理人材料与设备的到货时间，承包人负责清点、检验、接收并妥善保管，保管费用由发包人承担，但已标价工程量清单或预算书已经列支的，或专用合同条款另有约定的除外。

特别提示

> 发包人供应的材料与设备的规格、数量或质量不符合施工合同约定的，或因发包人的原因导致交货日期延误或交货地点变更等情况的，按发包人违约约定办理。

（4）对于材料与设备丢失或毁损的情况，因承包人的原因发生丢失或毁损的，由承包人负责赔偿。监理人未通知承包人清点的，承包人不负责材料与设备的保管，由此导致的丢失或毁损由发包人负责。

课堂互动

> 某工程施工中，发包人负责供应的设备在没有通知承包人清点的情况下就存放在施工现场。承包人安装时发现设备的部分部件有损坏，对此，发包人要求承包人承担损坏赔偿责任。同学们认为发包人的要求合理吗？

（5）发包人供应的材料与设备使用前由承包人负责检验，检验费用由发包人承担，不合格的不得使用。发包人供应的材料与设备不符合要求的，承包人有权拒绝使用并要求发包人更换，由此增加的费用和（或）延误的工期由发包人承担，并支付承包人合理的利润。

2）对承包人采购的材料与设备的质量控制

承包人负责采购材料与设备的，应按要求进行采购，并提供产品合格证明及出厂证明，对材料与设备的质量负责。发承包双方应遵循以下规定。

（1）承包人应保证其采购的材料与设备质量合格，并应在材料与设备到货前 24 h 通知监理人检验。法律规定材料与设备使用前必须进行检验或试验的，承包人应按监理人的要求进行检验或试验，检验或试验费用由承包人承担，不合格的不得使用。

特别提示

> 承包人进行永久材料与设备的制造和生产的，应确保其符合有关质量标准，并向监理人提交材料的样本及有关资料，并应在使用该材料与设备之前获得监理人同意。

（2）承包人采购的材料与设备不符合要求时，承包人应在监理人要求的合理期限内将不符合要求的材料与设备运出施工现场，并重新采购符合要求的材料与设备，由此增加的费用和（或）延误的工期，由承包人承担。

（3）承包人采购的材料与设备由承包人妥善保管，保管费用由承包人承担。

（4）发包人或监理人发现承包人使用不符合要求的材料与设备时，有权要求承包人进行修复、拆除或重新采购，由此增加的费用和（或）延误的工期，由承包人承担。

特别提示

> 施工合同约定由承包人采购的材料与设备，发包人不得指定生产厂家或供应商，发包人违反约定指定生产厂家或供应商的，承包人有权拒绝，并由发包人承担相应责任。

2．对工程质量标准及质量检查的规定

对工程质量标准及质量检查的规定主要包括工程质量标准规定、工程质量保证措施规定、隐蔽工程检查规定、不合格工程的处理规定等内容。

某大学图书馆建设
工程返工案例

1）工程质量标准规定

（1）工程质量标准需要符合现行国家有关工程施工质量验收规范和标准的要求。有关工程质量的特殊标准或要求由合同当事人在专用合同条款中约定。

（2）因发包人的原因造成工程质量未达到合同约定标准的，由发包人承担由此增加的费用和（或）延误的工期，并支付承包人合理的利润。

（3）因承包人的原因造成工程质量未达到合同约定标准的，发包人有权要求承包人返工直至工程质量达到合同约定的标准为止，并由承包人承担由此增加的费用和（或）延误的工期。

2）工程质量保证措施规定

工程质量保证措施规定主要包括发包人的质量管理规定、承包人的质量管理规定和监理人的质量管理规定三个方面。

（1）发包人的质量管理规定。

发包人应按法律规定及合同约定完成与工程质量有关的各项工作。

（2）承包人的质量管理规定。

承包人应按施工组织设计的约定向发包人和监理人提交工程质量保证体系及措施文件，建立完善的工程质量检查制度，并提交相应的工程质量文件。对于发包人和监理人违反法律规定和合同约定的错误指示，承包人有权拒绝实施。

承包人应对施工人员进行质量教育和技能培训，定期考核施工人员的劳动技能，要求

笔记

其严格执行施工规范和操作规程。

承包人应按法律规定和发包人的要求，对材料与设备、工程的所有部位及其施工工艺进行全过程的质量检查和检验，并进行详细记录，编制工程质量报表，将其报送监理人审查。此外，承包人还应按照法律规定和发包人的要求，进行施工现场取样试验、工程复核测量和设备性能检测，还应提供试验样品，提交试验报告、测量成果，以及其他检测结果。

（3）监理人的质量管理规定。

监理人应按照法律规定和发包人授权对工程的所有部位及其施工工艺、材料与设备进行检查和检验。承包人应为监理人的检查和检验提供方便，这种方便包括但不限于允许监理人到施工现场、制造或加工地点、合同约定的其他地点进行现场查看，以及查阅施工原始记录。监理人进行的检查和检验，不能免除或减轻承包人按照施工合同约定应当承担的责任。

监理人的检查和检验不应影响施工正常进行。监理人的检查和检验影响施工正常进行的，且经检查和检验不合格的，影响正常施工的费用由承包人承担，工期不予顺延；经检查和检验合格的，由此增加的费用和（或）延误的工期由发包人承担。

3）隐蔽工程检查规定

隐蔽工程检查规定主要包括承包人自检规定、监理人检查规定和重新检查规定三个方面。

（1）承包人自检规定。

承包人应当对隐蔽工程进行自检，确认是否具备覆盖条件。除专用合同条款另有约定外，隐蔽工程经承包人自检确认具备覆盖条件的，承包人应在共同检查前 48 h 书面通知监理人，通知中应载明隐蔽工程检查的内容、时间和地点，并附自检记录和必要的检查资料。

（2）监理人检查规定。

监理人应按时到场并对隐蔽工程及其施工工艺、材料与设备进行检查。监理人检查并确认质量符合隐蔽要求，并在验收记录上签字后，承包人才能进行覆盖。监理人检查质量不合格的，承包人应在监理人指示的时间内完成修复，并由监理人重新检查，由此增加的费用和（或）延误的工期由承包人承担。

除专用合同条款另有约定外，监理人不能按时进行检查的，应在检查前 24 h 向承包人提交书面延期要求，但延期不能超过 48 h，由此导致工期延误的，工期应予以顺延。监理人未按时进行检查，也未提出延期要求的，视为隐蔽工程检查合格，承包人可自行完成覆盖工作，并作相应记录报送监理人，监理人应签字确认。监理人事后对检查记录有疑问的，可按约定重新检查。

（3）重新检查规定。

承包人覆盖隐蔽工程后，发包人或监理人对质量有疑问的，可要求承包人对已覆盖的隐蔽工程进行钻孔探测或揭开检查，承包人应遵照执行，并在检查后重新覆盖、恢复原状。

经检查证明工程质量符合合同要求的，由发包人承担由此增加的费用和（或）延误的工期，并支付承包人合理的利润；经检查证明工程质量不符合合同要求的，由此增加的费用和（或）延误的工期由承包人承担。

特别提示

> 承包人未通知监理人到场检查，私自将隐蔽工程覆盖的，监理人有权指示承包人钻孔探测或揭开检查，无论隐蔽工程质量是否合格，由此增加的费用和（或）延误的工期均由承包人承担。

4）不合格工程的处理规定

（1）因承包人的原因造成工程不合格的，发包人有权随时要求承包人采取补救措施，直至达到合同要求的工程质量标准为止，由此增加的费用和（或）延误的工期由承包人承担。无法补救的，按照拒绝接收全部或部分工程的约定执行。

（2）因发包人的原因造成工程不合格的，由此增加的费用和（或）延误的工期由发包人承担，发包人还应支付承包人合理的利润。

特别提示

> 发承包双方对工程质量有争议的，由发承包双方协商确定的工程质量检测机构鉴定，由此产生的费用及造成的损失，由责任方承担。发承包双方均有责任的，由发承包双方根据其责任分别承担。发承包双方无法达成一致的，按照商定或确定的条款执行。

（二）施工进度管理

施工进度管理主要是控制施工任务的执行进度，确保施工任务在规定的合同工期内完成。施工进度管理主要包括施工组织设计、施工进度计划的编制和修订、开工、测量放线、工期延误的处理、不可预见事件的处理、暂停施工、提前竣工等内容。

1．施工组织设计

施工组织设计是对施工活动进行全面的系统规划和科学管理的手段。下面主要介绍施工组织设计的内容、提交和修改。

1）施工组织设计的内容

施工组织设计应包含以下内容。

（1）施工方案。

（2）施工现场平面布置图。

（3）施工进度计划和保证措施。

（4）劳动力及材料供应计划。

笔记

（5）施工设备的选用。

（6）质量保证体系及措施。

（7）安全生产、文明施工措施。

（8）环境保护、成本控制措施。

（9）合同当事人约定的其他内容。

2）施工组织设计的提交和修改

除专用合同条款另有约定外，承包人应在合同签订后 14 天内，至迟不得晚于开工通知载明的开工日期前 7 天，向监理人提交详细的施工组织设计，监理人应将其报送发包人。除专用合同条款另有约定外，发包人和监理人应在监理人收到施工组织设计后 7 天内确认或提出修改意见。对发包人和监理人提出的合理意见和要求，承包人应自费修改完善。根据工程实际情况需要修改施工组织设计的，承包人应向发包人和监理人提交修改后的施工组织设计。

2．施工进度计划的编制和修订

施工进度计划是控制工程进度的依据，发包人和监理人有权按施工进度计划检查工程进度情况。下面主要介绍施工进度计划的编制和修订。

1）施工进度计划的编制

施工进度计划的编制应当符合国家法律规定和一般工程实践惯例，并经发包人批准后实施。一般来讲，施工进度计划的编制步骤包括收集资料、确定施工起点和流向、计算工程量、确定作业时间、编制施工进度计划表、审查和调整施工进度计划表、确定关键节点和里程碑等。

2）施工进度计划的修订

施工进度计划不符合合同要求或与工程的实际进度不一致的，承包人应向监理人提交修订的施工进度计划，并附有关措施和有关资料，由监理人报送发包人。除专用合同条款另有约定外，发包人和监理人应在收到修订的施工进度计划后 7 天内完成审核和批准或提出修改意见。发包人和监理人对承包人提交的施工进度计划的确认，不能免除或减轻承包人根据法律规定和合同约定应承担的任何责任与义务。

3．开工

开工即建设工程项目开始施工，主要包括开工准备和开工通知两个方面。

1）开工准备

除专用合同条款另有约定外，承包人应按施工组织设计约定的期限，向监理人提交工程开工报审表，监理人将其报发包人批准后，承包人方可执行。工程开工报审表应详细说明按施工进度计划正常施工所需的施工道路、临时设施、材料与设备、施工人员等的落实情况，以及工程的进度安排。

除专用合同条款另有约定外，合同当事人应按约定完成开工准备工作。

2）开工通知

发包人应按法律规定获得工程施工所需的许可或批准。经发包人同意后，监理人应在计划开工日期 7 天前向承包人发出符合法律规定的开工通知，工期自开工通知中载明的开工日期起算。

除专用合同条款另有约定外，因发包人原因造成监理人未能在计划开工日期之日起 90 天内发出开工通知的，承包人有权提出价格调整要求，或解除合同。发包人应当承担由此增加的费用和（或）延误的工期，并向承包人支付合理的利润。

4．测量放线

测量放线是指将施工图纸上的"线"转移到项目现场中的一种方法。通过测量和定位技术，施工人员将图纸上的线、点、标高等信息标定到实地，作为施工的基准和依据。下面主要介绍测量放线时发包人和承包人的责任。

1）测量放线时发包人的责任

除专用合同条款另有约定外，发包人应在至迟不得晚于开工通知中载明的开工日期前 7 天通过监理人向承包人提供测量基准点、基准线和水准点及其书面资料。发包人应对其提供的测量基准点、基准线和水准点及其书面资料的真实性、准确性和完整性负责。

承包人发现发包人提供的测量基准点、基准线和水准点及其书面资料存在错误或疏漏的，应及时通知监理人。监理人应及时报告发包人，并会同发包人和承包人予以核实。发包人应就如何处理和是否继续施工作出决定，并通知监理人和承包人。

2）测量放线时承包人的责任

承包人负责施工过程中的全部测量放线工作，并配置具有相应资质的人员，以及合格的仪器、设备和其他物品。承包人应矫正工程的位置、标高、尺寸或准线中出现的任何差错，并对工程各部分的定位负责。

 特别提示

施工过程中对施工现场内水准点等测量标志物的保护工作由承包人负责。

5．工期延误的处理

工期延误可以分为发包人导致的工期延误和承包人导致的工期延误两种。

1）发包人导致的工期延误的处理

在合同履行过程中，因下列情况而增加的费用和（或）延误的工期由发包人承担，且发包人应支付承包人合理的利润。

（1）发包人未能按合同约定提供图纸或所提供的图纸不符合合同约定的。

（2）发包人未能按合同约定办理许可或批准，以及提供施工现场、施工条件、基础资料等开工条件的。

（3）发包人提供的测量基准点、基准线和水准点及其书面资料存在错误或疏漏的。

（4）发包人未能在计划开工日期之日起 7 天内同意下达开工通知的。

（5）发包人未能按合同约定日期支付工程预付款、进度款或竣工结算款的。

（6）监理人未能按合同约定发出指示、批准等文件的。

（7）专用合同条款中约定的其他情形。

因发包人的原因未能按计划开工日期开工的，发包人应按实际开工日期顺延竣工日期，确保实际工期不低于合同约定的工期总日历天数。因发包人的原因导致工期延误需要修订施工进度计划的，按修订的施工进度计划执行。

2）承包人导致的工期延误的处理

因承包人的原因导致工期延误的，可以在专用合同条款中约定逾期竣工违约金的计算方法和逾期竣工违约金的上限。承包人支付逾期竣工违约金后，不免除承包人继续完成工程及修补缺陷的义务。

6．不可预见事件的处理

不可预见事件一般是由不利物质条件和异常恶劣的气候条件造成的。

不利物质条件是指有经验的承包人在施工现场遇到的不可预见的自然物质条件、非自然的物质障碍和污染物，包括地表以下物质条件和水文条件，以及专用合同条款约定的其他情形，但不包括气候条件。

异常恶劣的气候条件是指在施工过程中遇到的，有经验的承包人在签订合同时不可预见的，对合同履行造成实质性影响的，但尚未构成不可抗力事件的恶劣气候条件。合同当事人可以在专用合同条款中约定异常恶劣的气候条件的具体情形。

承包人遇到不利物质条件或异常恶劣的气候条件时，应采取克服不利物质条件或异常恶劣的气候条件的合理措施继续施工，并及时通知发包人和监理人。监理人经发包人同意后应当及时发出指示，指示构成变更的，按变更约定执行。承包人因采取合理措施而增加的费用和（或）延误的工期由发包人承担。

特别提示

承包人遇到不利物质条件后书面通知发包人和监理人时，应载明不利物质条件的内容及承包人认为不可预见的理由。

7．暂停施工

暂停施工是指在施工过程中，由于某些原因需要暂时停止施工。下面主要介绍发包人引起的暂停施工、承包人引起的暂停施工、指示暂停施工、持续 56 天及以上的暂停施工、暂停施工后的复工等内容。

1）发包人引起的暂停施工

对于因发包人的原因引起的暂停施工，监理人经发包人同意后，应及时下达暂停施工指示。情况紧急且监理人未及时下达暂停施工指示的，承包人可先暂停施工，并及时通知监理人。监理人应在接到通知后 24 h 内发出指示，若逾期未发出指示，视为同意承包人暂停施工。监理人不同意承包人暂停施工的，应说明理由；承包人对监理人的答复有异议的，按争议解决的约定处理。

因发包人的原因引起的暂停施工，发包人应承担由此增加的费用和（或）延误的工期，并支付承包人合理的利润。

2）承包人引起的暂停施工

因承包人的原因引起的暂停施工，承包人应承担由此增加的费用和（或）延误的工期，且承包人在收到监理人复工指示后 84 天内仍未复工的，视为承包人违约。

3）指示暂停施工

监理人认为有必要时，并经发包人批准后，可向承包人作出暂停施工的指示，承包人应按监理人指示暂停施工。

4）持续 56 天及以上的暂停施工

监理人发出暂停施工指示后 56 天内未向承包人发出复工通知，除该项停工属于承包人原因引起的暂停施工及不可抗力约定的情形外，承包人可向发包人提交书面通知，要求发包人在收到书面通知后 28 天内准许已暂停施工的部分或全部工程继续施工。发包人逾期不予批准的，承包人可以通知发包人，将工程受影响的部分视为按变更范围可取消的工作。

暂停施工持续 84 天以上不复工的，且不属于承包人原因引起的暂停施工及不可抗力约定的情形，并影响到整个工程，以及合同目的实现的，承包人有权提出价格调整要求，或解除合同。解除合同的，按因发包人违约处理。

特别提示

暂停施工期间，承包人应负责妥善照管工程并提供安全保障，由此增加的费用由责任人承担。发包人和承包人均应采取必要的措施确保工程质量及安全，防止因暂停施工扩大损失。

5）暂停施工后的复工

暂停施工后，发包人和承包人应采取有效措施积极消除暂停施工的影响。在工程复工前，监理人应会同发包人和承包人确定因暂停施工造成的损失，并确定工程复工条件。当工程具备复工条件时，监理人应经发包人批准后向承包人发出复工通知，承包人应按照复工通知的要求复工。

承包人无故拖延和拒绝复工的，承包人承担由此增加的费用和（或）延误的工期；因发包人原因无法按时复工的，按因发包人原因导致工期延误的约定处理。

8. 提前竣工

发包人要求承包人提前竣工的，发包人应通过监理人向承包人下达提前竣工指示，承包人应向发包人和监理人提交提前竣工建议书，提前竣工建议书应包括实施的方案、缩短的时间、增加的合同价格等内容。发包人接受该提前竣工建议书的，监理人应与发包人和承包人协商加快工程进度的措施，并修订施工进度计划，由此增加的费用由发包人承担。承包人认为提前竣工指示无法执行的，应向监理人和发包人提出书面异议，发包人和监理人应在收到异议后 7 天内予以答复。任何情况下，发包人不得压缩合理工期。

发包人要求承包人提前竣工，或承包人提出提前竣工的建议能够给发包人带来效益的，发承包双方可以在专用合同条款中约定提前竣工的奖励。

（三）工程价款管理

工程价款是指承包人承包工程项目后，按施工合同和工程结算办法的规定，将已完成工程或竣工工程向发包人要求办理结算而取得的价款。工程价款应在中标通知书发出之日起 30 天内，由发承包双方依据招标文件和中标人的投标文件在书面合同中约定。工程价款管理主要包括工程预付款管理、工程进度款管理、合同价款调整、竣工结算等内容。

1. 工程预付款管理

工程预付款又称为材料备料款或材料预付款，主要用于承包人为施工采购材料与设备、修建临时工程，以及组织施工队伍进场等工作。工程预付款管理主要包括工程预付款金额的确定、工程预付款的支付、工程预付款的担保等内容。

1）工程预付款金额的确定

包工包料工程预付款的支付比例不得低于签约合同价（扣除暂列金额）的 10%，不得高于签约合同价（扣除暂列金额）的 30%。

2）工程预付款的支付

工程预付款的支付按专用合同条款约定执行，最迟应在开工通知载明的开工日期 7 天前支付。发包人逾期支付工程预付款超过 7 天的，承包人有权向发包人发出要求支付的催告通知，发包人收到通知后 7 天内仍未支付的，承包人有权暂停施工，并按发包人违约的情形执行。

除专用合同条款另有约定外，工程预付款应在进度付款中同比例扣回。在颁发工程接收证书前提前解除合同的，尚未扣完的工程预付款应与合同价款一并结算。

3）工程预付款的担保

发包人要求承包人提供工程预付款担保的，承包人应在发包人支付工程预付款 7 天前提供工程预付款担保，专用合同条款另有约定的除外。工程预付款担保可采用银行保函、担保公司担保等形式，具体由发承包双方在专用合同条款中约定。在工程预付款完全扣回之前，承包人应保证工程预付款担保持续有效。

发包人在工程款中逐期扣回工程预付款后，工程预付款担保额度应相应减少，但剩余的工程预付款担保金额不得少于未被扣回的工程预付款金额。

2．工程进度款管理

工程进度款管理主要包括工程量的确定和工程进度款的支付等内容。

1）工程量的确定

工程量应按合同约定的工程量计算规则、图纸及变更指示等进行计算。工程量计算规则应以有关的国家标准、行业标准等为依据，由发承包双方在专用合同条款中进行约定。

除专用合同条款另有约定外，工程量的计算按月进行，并按以下约定执行。

（1）承包人应于每月 25 日向监理人报送上月 20 日至当月 19 日已完成的工程量报告，并附工程进度付款申请单、已完成工程量报表和有关资料。

（2）监理人应在收到承包人提交的工程量报告后 7 天内完成对工程量报告的审核并将其报送发包人，以确定当月实际完成的工程量。监理人对工程量有异议的，有权要求承包人进行共同复核或抽样复测。承包人应协助监理人进行复核或抽样复测，并按监理人要求提供补充资料。承包人未按监理人要求参加复核或抽样复测的，监理人复核或修正的工程量视为承包人实际完成的工程量。

> **特别提示**
>
> 监理人未在收到承包人提交的工程量报告后 7 天内完成审核的，承包人报送的工程量视为其实际完成的工程量，应据此计算工程进度款。

2）工程进度款的支付

发承包双方应按合同约定的时间、程序和方法，根据工程量计算结果办理施工过程中的价款结算，完成工程进度款的支付。除专用合同条款另有约定外，工程进度款的付款周期应与合同约定的工程量计算周期一致。工程进度付款申请单主要包括以下内容。

（1）截至本次付款周期已完成工作量对应的金额。

（2）根据变更条款应增加和扣减的变更金额。

（3）根据预付款条款发包人应支付的预付款和承包人应返还的预付款。

（4）根据质量保证金条款应扣减的质量保证金。

（5）根据索赔条款应增加和扣减的索赔金额。

（6）对已签发的进度款支付证书中出现的错误进行的修正，以及应在本次进度付款中支付或扣除的金额。

（7）根据合同约定应增加和扣减的其他金额。

笔记

关于工程进度款的审核和支付，除专用合同条款另有约定外，监理人应在收到承包人工程进度付款申请单及有关资料后 7 天内完成审核并将其报送发包人，发包人应在收到后 7 天内完成审核并签发进度款支付证书。发包人逾期未完成审核且未提出异议的，视为已签发进度款支付证书。发包人和监理人对承包人的进度付款申请单有异议的，有权要求承包人修正和提供补充资料，承包人应提交修正后的工程进度付款申请单。监理人应在收到承包人修正后的工程进度付款申请单及有关资料后 7 天内完成审核并将其报送发包人，发包人应在收到监理人报送的工程进度付款申请单及有关资料后 7 天内，向承包人签发无异议部分的临时进度款支付证书。存在争议的部分，按争议解决条款的约定处理。

除专用合同条款另有约定外，发包人应在进度款支付证书或临时进度款支付证书签发后 14 天内完成支付，发包人逾期支付工程进度款的，应按中国人民银行发布的同期同类贷款基准利率支付违约金。

发包人签发进度款支付证书或临时进度款支付证书，不表明发包人已同意、批准或接受了承包人完成的相应部分的工作。

特别提示

在对已签发的进度款支付证书进行阶段汇总和复核中发现错误、遗漏或重复的，发包人和承包人均有权提出修正申请。经发包人和承包人同意的修正，应在下期进度付款中支付或扣除。

3. 合同价款调整

合同价款调整的影响因素一般包括市场价格波动、法律变化、工程变更、项目特征与描述不符、工程量清单缺项、工程量偏差、计日工、现场签证、暂估价、不可抗力、提前竣工、误期赔偿、施工索赔、暂列金额等。下面主要介绍市场价格波动和法律变化引起的合同价款调整。

1）市场价格波动引起的合同价款调整

除专用合同条款另有约定外，市场价格波动超过合同当事人约定的范围，合同价款应进行调整。发承包双方可以在专用合同条款中约定采用价格指数或造价信息的方式对合同价款进行调整。

2）法律变化引起的合同价款调整

基准日期后，因法律变化导致承包人在合同履行过程中所需的费用发生除市场价格波动影响外的增加时，由发包人承担增加的费用；减少时，应从合同价款中予以扣减。基准日期后，因法律变化造成工期延误时，工期应予以顺延。

特别提示

基准日期是指递交投标文件截止日期前 28 天的日期。

因法律变化引起的合同价款和工期调整，发承包双方无法达成一致的，由监理人按约定处理。因承包人的原因导致工期延误，在工期延误期间出现法律变化的，由此增加的费用和（或）延误的工期由承包人承担。

4．竣工结算

工程完工后，发承包双方应按约定的合同价款和合同价款调整内容及索赔事项，进行竣工结算。竣工结算主要包括竣工结算申请、竣工结算审核与支付、最终结清等内容。

1）竣工结算申请

除专用合同条款另有约定外，承包人应在工程竣工验收合格后 28 天内向发包人和监理人提交竣工结算申请单，并提交完整的竣工结算资料，有关竣工结算申请单的内容和份数等要求由发承包双方在专用合同条款中约定。除专用合同条款另有约定外，竣工结算申请单主要包括以下内容。

（1）竣工结算合同价格。

（2）发包人已支付承包人的款项。

（3）应扣留的质量保证金。

（4）发包人应支付承包人的合同价款。

2）竣工结算审核与支付

竣工结算审核与支付是工程项目管理中的重要环节，涉及工程项目的成本控制和资金管理，发承包双方在进行竣工结算审核与支付时应遵循以下规定。

（1）除专用合同条款另有约定外，监理人应在收到竣工结算申请单后 14 天内完成审核并将其报送发包人。发包人应在收到监理人提交的竣工结算申请单后 14 天内完成审核，并由监理人向承包人签发经发包人签认的竣工付款证书。监理人或发包人对竣工结算申请单有异议的，有权要求承包人进行修正和提供补充资料，承包人应提交修正后的竣工结算申请单。

（2）发包人在收到承包人提交的竣工结算申请单后 28 天内未完成审核且未提出异议的，视为发包人认可承包人提交的竣工结算申请单，且自发包人收到承包人提交的竣工结算申请单后第 29 天起视为已签发竣工付款证书。

（3）除专用合同条款另有约定外，发包人应在签发竣工付款证书后的 14 天内，完成对承包人的竣工支付。发包人逾期支付不超过 56 天的，按中国人民银行发布的同期同类贷款基准利率支付违约金；逾期支付超过 56 天的，按中国人民银行发布的同期同类贷款基准利率的两倍支付违约金。

（4）承包人对发包人签认的竣工付款证书有异议的，对于有异议部分，承包人应在收到发包人签认的竣工付款证书后 7 天内提出异议，并由发承包双方按专用合同条款约定的方式和程序进行复核，或按争议解决的约定处理；对于无异议部分，发包人应签发临时竣工付款证书，并按第（3）条完成支付。承包人逾期未提出异议的，视为认可发包人的审核结果。

（5）发包人要求甩项竣工的，发承包双方应签订甩项竣工协议。在甩项竣工协议中应明确，发承包双方按竣工结算申请及竣工结算审核的约定对已完成的合格工程进行结算，并支付相应合同价款。

 特别提示

因某个单位工程急于交付使用，将按施工图纸要求还没有完成的某些工程细目甩下，而对整个单位工程先行验收的操作称为甩项竣工。

3）最终结清

最终结清是指在工程竣工验收合格后，发承包双方对合同约定工程的最终价款进行的结算。发承包双方在进行最终结清时应遵循以下规定。

（1）除专用合同条款另有约定外，承包人应在缺陷责任期终止证书颁发后 7 天内，按专用合同条款约定的份数向发包人提交最终结清申请单，并提供有关证明材料。

 特别提示

缺陷责任期从工程通过竣工验收之日起计算，发承包双方应在专用合同条款中约定缺陷责任期的具体期限，该期限最长不超过 24 个月。

（2）除专用合同条款另有约定外，最终结清申请单应列明质量保证金、应扣除的质量保证金、缺陷责任期内发生的增减费用。

（3）发包人对最终结清申请单内容有异议的，有权要求承包人进行修正和提供补充资料，承包人应向发包人提交修正后的最终结清申请单。

（4）除专用合同条款另有约定外，发包人应在收到承包人提交的最终结清申请单后14 天内完成审核并向承包人颁发最终结清证书。发包人逾期未完成审核，又未提出修改意见的，视为发包人同意承包人提交的最终结清申请单，且自发包人收到承包人提交的最终结清申请单后 15 天起视为已颁发最终结清证书。

（5）除专用合同条款另有约定外，发包人应在颁发最终结清证书后 7 天内完成支付。发包人逾期支付不超过 56 天的，按中国人民银行发布的同期同类贷款基准利率支付违约金；逾期支付超过 56 天的，按中国人民银行发布的同期同类贷款基准利率的两倍支付违约金。

（6）承包人对发包人颁发的最终结清证书有异议的，按争议解决的约定处理。

（四）其他管理

其他管理主要是指施工合同的变更管理、安全文明施工与环境保护。

1．施工合同的变更管理

施工合同的变更管理是指在施工过程中，由于各种原因需要对原施工合同约定的内容、条件、标准等进行修改或补充的行为和过程。下面主要介绍变更的范围、变更权、变更程序、变更估价等内容。

1）变更的范围

除专用合同条款另有约定外，合同履行过程中出现以下情形的，应按约定进行变更。

（1）增加或减少合同中任何工作，或追加额外的工作。

（2）取消合同中任何工作，但转由他人实施的工作除外。

（3）改变合同中任何工作的质量标准或其他特性。

（4）改变工程的基准线、标高、位置和尺寸。

（5）改变工程的时间安排或实施顺序。

2）变更权

发包人和监理人均可以提出变更。变更指示均通过监理人发出，监理人发出变更指示前应征得发包人同意。承包人收到经发包人签认的变更指示后，方可实施变更。未经许可，承包人不得擅自对工程的任何部分进行变更。

施工合同的变更中涉及设计变更的，应由设计人提供变更后的图纸和说明。如果变更规模超过原设计标准或批准的建设规模时，发包人应及时办理规划、设计变更等审批手续。

3）变更程序

一般来讲，由发包人或监理人提出施工合同的变更，承包人按监理人下达的变更指示执行。

（1）发包人提出变更。发包人提出变更的，应通过监理人向承包人发出变更指示，变更指示应说明计划变更的工程范围和变更的内容。

（2）监理人提出变更建议。监理人提出变更建议的，需要向发包人以书面形式提出变更计划，说明计划变更的工程范围和变更的内容、理由，以及实施该变更对合同价款和工期的影响。发包人同意变更的，由监理人向承包人发出变更指示，发包人不同意变更的，监理人无权擅自发出变更指示。

（3）变更执行。承包人收到监理人下达的变更指示后，认为不能执行变更的，应立即提出不能执行该变更指示的理由；承包人认为可以执行变更的，应当书面说明实施该变更指示对合同价款和工期的影响，且发承包双方应当按变更估价的约定确定变更估价。

4）变更估价

变更估价是指在合同履行过程中，由于多方面的情况变更，导致出现工程量变化、工程实施进度变化，以及发承包双方在执行合同中发生争执等问题，从而需要对项目价格进行重新评估和调整。

（1）变更估价原则。除专用合同条款另有约定外，变更估价应按以下原则处理。

① 已标价工程量清单或预算书有相同项目的，按相同项目单价认定。

② 已标价工程量清单或预算书中无相同项目，但有类似项目的，参照类似项目的单价认定。

③ 变更导致实际完成的变更工程量较已标价工程量清单或预算书中列明的该项目工程量的变化幅度超过 15%的，或已标价工程量清单或预算书中无相同项目及类似项目单价的，按合理的成本与利润构成的原则，由发承包双方按商定或确定条款确定变更工程量的单价。

（2）变更估价程序。承包人应在收到变更指示后 14 天内，向监理人提交变更估价申请。监理人应在收到承包人提交的变更估价申请后 7 天内审核完毕并将其报送发包人，监理人对变更估价申请有异议的，应通知承包人修改后重新提交。发包人应在承包人提交变更估价申请后 14 天内审核完毕。发包人逾期未完成审核或未提出异议的，视为认可承包人提交的变更估价申请。因变更引起的价格调整应计入最近一期的进度款中支付。

2．安全文明施工与环境保护

安全文明施工与环境保护是工程建设中不可或缺的重要环节，其目标是在保证工程顺利进行的同时，降低施工过程对人和环境的影响，提高整个施工过程的安全和环保水平。

1）安全文明施工

安全文明施工管理涵盖了安全生产、安全生产保证措施、特别安全生产事项、治安保卫、文明施工和事故处理等方面。

（1）安全生产。合同履行期间，发承包双方均应遵守国家和施工项目所在地有关安全生产的要求。发承包双方有特别要求的，应在专用合同条款中明确施工项目安全生产标准化达标目标及相应事项。承包人有权拒绝发包人及监理人强令其违章作业、冒险施工的任何指示。在施工过程中，如遇到突发的地质变动、事先未知的地下施工障碍等影响施工安全的紧急情况，承包人应及时报告监理人和发包人，发包人应当及时下令停工并报政府有关行政管理部门采取应急措施。因安全问题需要暂停施工的，按暂停施工条款的约定执行。

（2）安全生产保证措施。承包人应按有关规定编制安全技术措施或专项施工方案，建立安全生产责任制度、治安保卫制度及安全生产教育培训制度，并按安全生产法律规定及合同约定履行安全职责，如实编制安全生产的有关记录，接受发包人、监理人及政府安全监督部门的检查与监督。

（3）特别安全生产事项。承包人应按法律规定进行施工，开工前做好安全技术交底工作，施工过程中做好各项安全防护措施。承包人为实施合同而雇用的特殊工种的人员应受过专门的培训并已取得政府有关管理机构颁发的上岗证书。

（4）治安保卫。除专用合同条款另有约定外，发包人应与当地公安部门协商，在现场建立治安管理机构或联防组织，统一管理施工场地的治安保卫事项，履行合同工程的治安保卫职责。除专用合同条款另有约定外，发包人和承包人应在工程开工后7天内共同编制施工场地治安管理计划，并制订应对突发治安事件的紧急预案。

（5）文明施工。承包人在工程施工期间，应当采取措施保持施工场地平整，物料堆放整齐。工程所在地有关政府行政管理部门有特殊要求的，按其要求执行。合同当事人对文明施工有其他要求的，可以在专用合同条款中明确。在工程移交之前，承包人应当从施工现场清除其全部设备、多余材料、垃圾和各种临时工程，并保持施工现场清洁、整齐。经发包人书面同意，承包人可在发包人指定的地点保留承包人履行保修期内的各项义务所需的材料、设备和临时工程。

（6）事故处理。工程施工过程中发生事故的，承包人应立即通知监理人，监理人应立即通知发包人。发包人和承包人应立即组织人员和设备进行紧急人员抢救和工程抢修，减少人员伤亡和财产损失，防止事故扩大，并保护事故现场。需要移动现场物品时，应作出标记和书面记录，妥善保管有关证据。发包人和承包人应按国家有关规定，及时、如实地向有关部门报告事故发生的情况，以及正在采取的紧急措施等。

安全文明施工费是安全防护与文明施工措施费的简称，是指按照国家现行的建筑施工安全、施工现场环境与卫生标准及有关规定，购置和更新施工安全防护用具及设施，改善安全生产条件和作业环境所需的费用。关于安全文明施工费，发承包双方应遵循以下规定。

（1）安全文明施工费由发包人承担，发包人不得以任何形式扣减该部分费用。

（2）因基准日期后合同所适用的法律或政府有关规定发生变化而增加的安全文明施工费，由发包人承担。

（3）承包人经发包人同意采取合同约定以外的安全措施所产生的费用，由发包人承担。未经发包人同意的，如果该措施避免了发包人的损失，则发包人在避免损失的额度内承担该措施费；如果该措施避免了承包人的损失，由承包人承担该措施费。

（4）除专用合同条款另有约定外，发包人应在开工后28天内预付安全文明施工费总额的50%，其余部分与进度款同期支付。发包人逾期支付安全文明施工费超过7天的，承包人有权向发包人发出要求支付的催告通知，发包人收到通知后7天内仍未支付的，承包人有权暂停施工。

（5）承包人对安全文明施工费应专款专用，并应在财务账目中单独列项备查，不得将其挪作他用，否则发包人有权责令其限期改正；逾期未改正的，发包人可以责令其暂停施工，由此增加的费用和（或）延误的工期由承包人承担。

2）环境保护

承包人应在施工组织设计中列明环境保护的具体措施。在合同履行期间，承包人应采取合理措施保护施工现场环境，对施工作业过程中可能引起的大气、水、噪声及固体废物污染采取具体可行的防范措施。

承包人应当承担其引起的环境污染侵权损害赔偿责任，因环境污染引起纠纷而导致暂停施工的，由此增加的费用和（或）延误的工期由承包人承担。

三、施工合同争议的解决方式

施工合同争议的解决方式主要有和解、调解、争议评审、仲裁或诉讼等。

（一）和解

和解是指发承包双方在自愿友好的基础上，互相沟通、互相谅解，从而解决纠纷的一种方式。发承包双方可以就争议自行和解，自行和解达成的协议，经发承包双方签字并盖章后作为合同补充文件，发承包双方均应遵照执行。

（二）调解

调解是指发承包双方就法律规定或合同约定的权利与义务发生纠纷时，第三方依据一定的道德和法律规范，通过摆事实、讲道理，促使双方互相作出适当的让步，平息争端，使其自愿达成协议，以求解决合同纠纷的方式。发承包双方可以就争议请求建设行政主管部门、行业协会或其他第三方进行调解，调解达成的协议，经发承包双方签字并盖章后作为合同补充文件，发承包双方均应遵照执行。

（三）争议评审

争议评审是指在工程开始或进行中，由发承包双方选择独立的争议评审员，就发承包双方发生的争议（包括合同责任争议、施工质量争议、工期争议和索赔款额争议等）及时提出解决建议或给出决定的争议解决方式。争议评审旨在通过非诉讼的方式，及时、高效、公正、低成本地解决工程建设中发生的争议。发承包双方在专用合同条款中约定采取争议评审方式解决争议的，可按下列约定执行。

1. 争议评审小组组成的约定

发承包双方可以共同选择一名或三名争议评审员组成争议评审小组。除专用合同条款另有约定外，发承包双方应当自合同签订后 28 天内，或争议发生后 14 天内，选定争议评审员。选择一名争议评审员的，由发承包双方共同确定；选择三名争议评审员的，各自选定一名，第三名成员为首席争议评审员，由发承包双方共同确定或由发承包双方委托已选定的争议评审员共同确定，或由专用合同条款约定的评审机构指定。

除专用合同条款另有约定外，争议评审员报酬由发包人和承包人各承担一半。

2. 争议评审小组评审的约定

发承包双方可在任何时间将与合同有关的任何争议共同提请争议评审小组进行评审。争议评审小组应秉持客观、公正原则，充分听取发承包双方的意见，依据有关法律、规范、标准、案例经验及商业惯例等，自收到争议评审申请报告后 14 天内作出书面决定，并说明理由。发承包双方可以在专用合同条款中对本事项另行约定。

3．争议评审小组评审效力的约定

争议评审小组作出的书面决定经发承包双方签字确认后，对发承包双方具有约束力，发承包双方应遵照执行。发承包双方中的任何一方不接受争议评审小组决定或不履行争议评审小组决定的，发承包双方可选择采用其他争议解决方式。

（四）仲裁或诉讼

当发承包双方之间的争议演变为纠纷时，发承包双方可以在专用合同条款中约定以下列方式之一解决纠纷。

（1）向约定的仲裁委员会申请仲裁。

（2）向有管辖权的人民法院提起诉讼。

仲裁又称为公断，是指发承包双方在纠纷发生前或纠纷发生后达成协议，自愿将纠纷交给约定的第三者，由第三者在事实上作出判断、在权利义务上作出裁决的一种解决纠纷的方式。

诉讼是指当事人依法请求人民法院行使审判权，审理发承包双方之间的纠纷，作出由国家强制保证实现其合法权益的审判的纠纷解决方式。发承包双方如果未约定仲裁协议，则只能以诉讼作为解决纠纷的最终方式。

 特别提示

合同有关争议解决的条款独立存在，合同的变更、解除、终止、无效或被撤销均不影响其效力。

四、施工合同的解除

通常，施工合同订立后，发承包双方应按合同的约定履行各自的权利与义务。但在一定条件下，合同没有履行或没有完全履行，合同也可以解除。

（一）施工合同解除的情形

施工合同解除的情形可以分为合同的协商解除、发生不可抗力时合同的解除、当事人违约时合同的解除三种。

1．合同的协商解除

在合同订立之后且履行完毕之前，发承包双方可以通过协商解除合同关系。

2．发生不可抗力时合同的解除

因不可抗力或非合同当事人的原因，造成工程停建或缓建，致使合同无法履行的，发承包双方可以解除合同关系。

3．当事人违约时合同的解除

当事人违约时合同的解除可以分为发包人违约时合同的解除和承包人违约时合同的解除。

1）发包人违约时合同的解除

发包人有下列情形之一，致使承包人无法施工，且在催告的合理期限内仍未履行义务的，承包人有权解除合同。

（1）因发包人的原因未能在计划开工日期前 7 天内下达开工通知的。

（2）因发包人的原因未能按合同约定支付合同价款的。

（3）发包人自行实施被取消的工作或转由他人实施的。

（4）发包人提供的材料与设备的规格、数量或质量不符合合同约定，或因发包人原因导致交货日期延误或交货地点变更等情况的。

（5）发包人违反合同约定造成暂停施工的。

（6）发包人无正当理由没有在约定期限内发出复工指示，导致承包人无法复工的。

（7）发包人明确表示或以其行为表明不履行合同主要义务的。

（8）发包人未能按合同约定履行其他义务的。

2）承包人违约时合同的解除

承包人有下列情形之一，且在整改的合理期限内仍不纠正违约行为的，发包人有权解除合同。

（1）承包人违反合同约定进行转包或违法分包的。

（2）承包人违反合同约定采购和使用不合格的材料与设备的。

（3）因承包人的原因导致工程质量不符合合同要求的。

（4）承包人违反约定，未经批准，私自将已按合同约定进入施工现场的材料与设备撤离施工现场的。

（5）承包人未能按施工进度计划及时完成合同约定的工作，造成工期延误的。

（6）承包人在缺陷责任期及保修期内，未能按时对工程缺陷进行修复，或拒绝按发包人要求进行修复的。

（7）承包人明确表示或以其行为表明不履行合同主要义务的。

（8）承包人未能按合同约定履行其他义务的。

（二）施工合同解除后的处理

施工合同解除后的处理一般可以分为发包人违约解除合同后的处理和承包人违约解

除合同后的处理两种情况。

1. 发包人违约解除合同后的处理

因发包人违约解除合同时，发包人应承担因其违约行为而给承包人增加的费用和（或）延误的工期，并支付承包人合理的利润。此外，发承包双方可在专用合同条款中另行约定发包人违约责任的承担方式和计算方法。发包人应在解除合同后 28 天内支付下列款项，并解除履约担保。

（1）合同解除前所完成工作的价款。

（2）承包人为工程施工订购并已付款的材料、设备和其他物品的价款。

（3）承包人撤离施工现场及遣散承包人人员的款项。

（4）按合同约定在合同解除前应支付的违约金。

（5）按合同约定应当支付给承包人的其他款项。

（6）按合同约定应退还的质量保证金。

（7）因解除合同而给承包人造成的损失。

发承包双方未能就解除合同后的结清达成一致的，按争议解决条款的约定处理。承包人应妥善做好已完成工程和与工程有关的已购材料与设备的保护和移交工作，并将施工设备和人员撤出施工现场，发包人应为承包人撤出提供必要条件。

2. 承包人违约解除合同后的处理

因承包人违约解除合同时，承包人应承担因其违约行为而增加的费用和（或）延误的工期。因承包人的原因导致合同解除的，发承包双方应在合同解除后 28 天内完成估价、付款和清算，并按以下约定执行。

（1）合同解除后，按商定或确定条款确定承包人实际完成工作对应的合同价款，以及承包人已提供的材料、设备和临时工程等的价值。

（2）合同解除后，承包人应支付违约金。

（3）合同解除后，承包人应承担因解除合同而给发包人造成的损失。

（4）合同解除后，承包人应按发包人要求和监理人的指示完成现场清理和撤离。

（5）发包人和承包人应在合同解除后进行清算，出具最终结清付款证书，结清全部款项。

施工合同解除后，因继续完成工程的需要，发包人有权使用承包人留在施工现场的材料、设备、临时工程、承包人文件和由承包人或以其名义编制的其他文件，发承包双方应在专用合同条款中约定相应费用的承担方式。发包人继续使用的行为不能免除或减轻承包人应承担的违约责任。

任务实施

通过本任务的学习，相信同学们已经知道了任务引入中问题的答案。

（1）因为学校在未组织竣工验收的情况下就直接将教学楼投入使用，违反了工程竣工验收方面的有关法律法规。所以，一般质量问题应由学校承担。但是，若涉及结构等方面的质量问题，还是应按照造成质量缺陷的原因分解责任。因为 A 建筑公司已向学校提交竣工报告，说明 A 建筑公司的自行验收已经通过，学校教学楼仅供学校日常教学使用，不存在不当使用问题，所以，该教学楼的质量缺陷是客观存在的。A 建筑公司还是应该承担维修义务，至于产生的费用由谁承担，可通过协商确定，协商不成的，可请求仲裁或诉讼。

（2）监理人应及时组织学校和 A 建筑公司协商解决纠纷。出现质量问题属于监理人失职，监理人应依据监理合同承担相应责任。

（3）学校和 A 建筑公司可通过和解、调解、争议评审、仲裁或诉讼等方式解决纠纷。

 砥 节 砺 行

发扬"三牛"精神，争做新时代有责任担当的工程建设者

"一名优秀的工程项目经理，需要有强烈的社会责任担当，同时坚守工匠精神，让每个经手的工程项目成为行业的精品，努力实现业主满意、社会满意、企业满意的目标。"某建筑公司工程项目经理李师傅在工程项目建设动员会上作出这样的庄严承诺。

"信守诺言、知行合一"是他的人生信条。自参加工作以来，李师傅先后担任过技术员、项目技术负责人等职务，他所带领的团队作风严谨、管理严格、能力突出，所经手的工程项目无一不是优质工程。

兢兢业业的"孺子牛"，以无私奉献铸就新品质。俯首甘为"孺子牛"，就是心中始终要有一份真情，一份甘愿俯下身子为民做实事的真心。他经常说，要想让别人信服，首先自己要做好。某工程项目中标后，因项目建设地点遥远、环境气候差、饮食不习惯等诸多因素，公司不少工作人员有抵触情绪，不愿前往。他接到公司任务后，第一个挺身而出，以身作则，坚决执行公司的决策部署，并与每个工作人员谈心交心，晓之以理，动之以情，最终所有工作人员义无反顾地跟随他奔赴工作地点。

创新发展的"拓荒牛"，以攻坚克难书写新业绩。他经常叮嘱下属，干工作要有"拓荒牛"的韧劲、钻劲，敢于知难而进、攻坚克难。有一次，市住建局临时决定在他负责的商务中心工程项目上筹备安全文明施工观摩现场会。在时间紧、任务重、要求高的情况下，他没有提出任何条件，没有任何畏难情绪，第一时间召集大家，连夜召开紧急会议，成立了以党员为骨干的领导小组，编制了观摩现场会实施方案，明确分工，责任到人，迅速展开了会议的筹备工作。在他以身作则、率先示范的带动下，

参与现场会的所有工作人员，齐心协力、攻坚克难，提前完成了安全文明施工观摩现场会的筹备工作，会议取得了圆满成功，为集团公司赢得了良好的声誉及社会影响力。

艰苦奋斗的"老黄牛"，以精益求精打造新工程。"老黄牛"是踏踏实实、务实工作的象征。他深知，作为新时代的工程项目经理，只有打造一支干劲足、素质硬的团队，才能创造出精品工程，才能面对各种挑战。磨刀不误砍柴工，他采取集中学习与分类培训相结合的方式，定期筹办各级各类学习班，有效解决了项目部离集团远、生产任务重、集体学习难等问题。这不仅提升了职工队伍的综合能力和素质，而且激发了团队对工作的极大热情。

事业的成功离不开家庭的支持。虽然因为工作的繁忙，他陪伴家人的时间并不多，但他为了弥补对家庭的亏欠，即使在家的时间很短，他也主动承担一些家务，安抚好家人情绪。每当一个工程项目顺利竣工或获得荣誉时，他都会向妻子骄傲地说："军功章有我的一半，更有你的一半"，让妻子一起感受事业成功的喜悦，更加坚定地支持他的工作。他的奉献精神，充分展现了新时代工程建设者的精神风貌，为大家树立了学习的标杆。

（资料来源：罗菲、王建文，《发扬"三牛"精神 不待扬鞭自奋蹄 争做新时代有责任担当的工程建设者——记陕建七建集团四公司项目经理李振川》，陕西省建筑业协会，2021 年 9 月 30 日）

项目实训 ——编制建设工程施工合同

1. 实训目的

为提高学生的实践能力，使学生将建设工程施工合同及其管理的有关知识转化为拟定建设工程施工合同条款的实际操作技能，本项目要求学生以《建设工程施工合同（示范文本）》为范本，结合下面的实训背景，起草一份建设工程施工合同。

2. 实训背景

在本书项目二至项目四的项目实训中，学生针对 A 市某小学教学楼屋面防水修缮工程项目编制了招标文件和投标文件，并模拟了该项目开标、评标与定标的过程。现要求学生以小组为单位，根据本项目所学的知识及《建设工程施工合同（示范文本）》，编制 A 市某小学教学楼屋面防水修缮工程施工合同。

3. 实训内容

按照以下程序及《建设工程施工合同（示范文本）》编制施工合同。

（1）确定合同目的和发承包双方的信息。确定合同的目的和发承包双方的信息，包括发包人、承包人、工程名称、工程地点等。

（2）确定合同内容。根据合同目的和发承包双方的协商结果，确定合同的具体内容，包括工程范围、工期、质量标准、工程造价、支付方式、验收标准等。

A 市某小学教学楼
屋面防水修缮工程
施工合同

（3）制订合同条款。根据合同内容，制订具体的合同条款，包括合同协议书、专用合同条款及其附件、通用合同条款等。

（4）约定发承包双方的权利与义务。在合同条款中约定发承包双方的权利与义务，包括发包人的权利与义务、承包人的权利与义务等。

（5）约定合同的变更和解除。在合同条款中约定合同变更和合同解除的条件、程序等。

（6）约定合同争议的解决方式。在合同条款中约定合同争议的解决方式，包括和解、调解、争议评审、仲裁或诉讼等。

（7）其他约定。根据具体情况，约定其他有关事项，如保修条款、索赔程序等。

项目思维导图

（8）签订合同。在完成合同起草后，由发包人和承包人签订合同。

📊 项目综合考核

1. 填空题

（1）建设工程施工合同是指发包人与承包人就完成具体工程的_____、_____、_____等工作内容，确定双方权利与义务关系的协议。

（2）单价合同可以分为_____和_____两种形式。

（3）为了保证施工合同的订立有效，发承包双方在订立施工合同过程中，应遵循_____、_____、_____、_____、_____等原则。

（4）施工合同的订立应经过_____和_____两个阶段。

（5）施工合同谈判一般可以分为_____和_____两个阶段。

（6）施工合同的管理主要包括_____、_____、_____等内容。

（7）承包人应按施工组织设计的约定向_____和_____提交工程质量保证体系及措施文件，建立完善的工程质量检查制度，并提交相应的工程质量文件。

（8）包工包料工程预付款的支付比例不得低于签约合同价（扣除暂列金额）的_____，不得高于签约合同价（扣除暂列金额）的_____。

（9）发承包双方可以在专用合同条款中约定采用_____或_____

的方式对合同价款进行调整。

（10）缺陷责任期从_____之日起计算，发承包双方应在专用合同条款中约定缺陷责任期的具体期限，该期限最长不超过_____个月。

（11）施工合同争议的解决方式主要有_____、_____、_____、_____等。

（12）施工合同解除的情形可以分为_____、_____、_____三种。

（13）安全文明施工费由_____承担，_____不得以任何形式扣减该部分费用。

2．选择题

（1）按合同计价方式的不同，建设工程施工合同主要有①　总价合同；②　单价合同；③　成本加酬金合同三种。下列选项中，以承包人所承担的风险从小到大的顺序排列的是（　　）。

    A．①②③　　　　　　　　　B．①③②

    C．③②①　　　　　　　　　D．②③①

（2）某工程施工合同约定，土方填筑作业每一层必须经监理人检验。承包人以工期紧为由，未通知监理人到场检验，自行检验后进行了填筑作业。监理人指示承包人按填筑层厚逐层揭开检验，经随机抽检，填筑质量符合合同要求，由此增加的费用和（或）延误的工期，由（　　）承担。

    A．承包人　　　　　　　　　B．发包人

    C．发包人和承包人　　　　　D．承包人和监理人

（3）承包人可按合同约定在（　　）后向监理人提交最终结清申请单。

    A．缺陷责任期终止　　　　　B．颁发缺陷责任期终止证书

    C．颁发保修责任证书　　　　D．颁发工程接收证书

（4）发包人按合同约定提供材料与设备时，负责保管和支付保管费用的分别是（　　）。

    A．承包人和材料供应商　　　B．监理人和发包人

    C．监理人和材料供应商　　　D．承包人和发包人

（5）某基础工程隐蔽前已由监理人验收合格。在主体结构施工时，因墙体开裂需要对基础工程重新检查，检查后发现部分部位存在施工质量问题。下列关于重新检查的费用和工期的处理表述正确的是（　　）。

    A．费用由发包人承担，工期由承包人承担

    B．费用由承包人承担，工期由发包人承担

    C．费用由承包人承担，工期由发承包双方协商

    D．费用和工期均由承包人承担

（6）规模小、工期短的项目，最适合采用（　　）。

　　A．定额计价合同　　　　　　　B．总价合同

　　C．单价合同　　　　　　　　　D．成本加酬金合同

（7）施工合同规定，承包人在施工中发现古树名木时，应及时报告有关管理部门并采取有效措施，其保护措施费由（　　）承担。

　　A．发包人　　　　　　　　　　B．承包人

　　C．发承包双方　　　　　　　　D．有关管理部门

（8）施工合同规定，发包人供应的材料与设备在使用前的检验或试验（　　）。

　　A．由承包人负责，费用由承包人承担

　　B．由承包人负责，费用由发包人承担

　　C．由发包人负责，费用由承包人承担

　　D．由发包人负责，费用由发包人承担

（9）下列事件中，不属于不可抗力事件的是（　　）。

　　A．龙卷风导致吊车倒塌

　　B．地震导致主体建筑物开裂

　　C．承包人管理不善导致仓库爆炸

　　D．非发包人和承包人责任发生的火灾

（10）建设工程合同纠纷可以由（　　）的仲裁委员会仲裁。

　　A．工程所在地　　　　　　　　B．仲裁申请人所在地

　　C．发承包双方协商选定　　　　D．纠纷发生地

（11）施工合同规定，发包人的主要义务不包括（　　）。

　　A．讨论施工组织设计　　　　　B．提供基础资料

　　C．提供施工现场　　　　　　　D．组织竣工验收

（12）施工过程中对施工现场内水准点等测量标志物的保护工作由（　　）负责。

　　A．发包人　　　　　　　　　　B．承包人

　　C．发承包双方　　　　　　　　D．监理人

3．简答题

（1）简述《建设工程施工合同（示范文本）》中施工合同的主要内容。

（2）简述施工合同订立的注意事项。

（3）简述施工合同谈判的注意事项。

（4）简述施工组织设计的内容。

（5）简述施工合同变更的范围。

（6）简述施工合同变更的程序。

4．案例分析题

某监理单位承担了某工程项目的施工监理工作。经过招标，建设单位选择了甲施工单位承担该项目的施工，并按照《建设工程施工合同（示范文本）》和甲施工单位签订了施工合同。建设单位与甲施工单位在合同中约定，所需的锅炉设备由建设单位负责采购。甲施工单位按照正常的程序将该项目的安装工程分包给乙施工单位。在施工过程中，发生了如下事件。

事件 1：建设单位负责采购的锅炉设备提前一个月运抵合同约定的施工现场，甲施工单位会同监理单位清点验收后将其存放在施工现场。为了节约施工场地，甲施工单位将上述锅炉设备集中堆放，由于堆放层数过多，致使堆放在下层的锅炉设备产生裂缝。两个月后，建设单位在甲施工单位准备使用锅炉设备时知悉此事，遂要求甲施工单位对锅炉设备进行检查并赔偿锅炉设备损坏的损失。甲施工单位提出，部分锅炉设备损坏是由于建设单位提前运抵施工现场占用施工场地所致，因此不同意进行检查和承担损失，还要求建设单位额外支付两个月的保管费用。建设单位仅同意额外支付一个月的保管费用。

事件 2：总监理工程师根据现场反馈信息及质量记录分析，对某部位隐蔽工程的质量有怀疑，随即指示甲施工单位暂停施工，并要求剥离检查。甲施工单位称，该部分隐蔽工程已经专业监理工程师验收，若剥离检查，监理单位需要赔偿由此造成的损失并相应延长工期。

事件 3：专业监理工程师对进场的锅炉设备进行检查时，发现由建设单位采购的某锅炉设备不合格。建设单位对该设备进行了更换，从而导致乙施工单位暂停施工一段时间。因此，乙施工单位致函监理单位，要求建设单位补偿其被迫停工所遭受的损失并延长工期。

问题：

（1）事件 1 中，甲施工单位不同意进行检查和承担损失的做法是否正确？请说明理由。

（2）事件 1 中，建设单位仅同意额外支付一个月的保管费用是否正确？请说明理由。

（3）事件 2 中，总监理工程师的做法是否正确？为什么？试分析剥离检查的可能结果及总监理工程师相应的处理方法。

（4）事件 3 中，乙施工单位是否可以向建设单位提出索赔要求？为什么？

项目综合评价

指导教师根据学生实际学习成果进行评价，学生配合指导教师共同如表 5-4 所示的学习成果评价表。

表 5-4　学习成果评价表

班级			组号		日期	
姓名			学号		指导教师	
项目名称			建设工程施工合同及其管理			
项目评价		评价内容			满分/分	评分/分
知识（40%）		熟悉建设工程施工合同的有关概念、类型与选择、主要内容及订立			8	
		理解建设工程施工合同双方的权利与义务			5	
		理解建设工程施工合同的谈判			5	
		了解建设工程施工合同管理的特点			4	
		掌握建设工程施工合同管理的内容			8	
		熟悉建设工程施工合同争议的解决方式			5	
		理解建设工程施工合同的解除			5	
技能（40%）		能够根据《建设工程施工合同（示范文本）》编写建设工程施工合同			10	
		能够处理一般的建设工程施工合同争议			10	
		能够处理建设工程施工合同管理过程中遇到的一般问题			10	
		能够根据建设工程施工合同解除的情况，认定合同解除后的责任			10	
素养（20%）		积极参加教学活动，主动学习、思考、讨论			5	
		逻辑清晰，准确理解和分析问题			5	
		认真负责，按时完成学习、实践任务			5	
		团结协作，与组员之间密切配合			5	
合计					100	
自我评价						
指导教师评价						

项目六

建设工程施工索赔

项目导读

　　随着建筑市场的不断发展和竞争的加剧，建设工程施工索赔已成为建设工程项目管理中的重要环节。发承包双方通过索赔，能够及时发现并解决建设工程施工中的问题，确保工程质量和进度。同时，承包人通过索赔，可以获得额外的费用和工期补偿，提高工程效益。

　　本项目主要介绍建设工程施工索赔的基础知识、依据、文件、程序、计算方法、技巧和反索赔的有关知识。

项目要求

>> **知识目标**

（1）熟悉索赔的基础知识。

（2）理解索赔的依据。

（3）熟悉索赔的文件。

（4）熟悉索赔的程序。

（5）掌握索赔的计算方法。

（6）理解索赔的技巧。

（7）理解反索赔的有关知识。

>> **技能目标**

（1）能够根据建设工程施工过程中的具体情况，准确判断是否可以提出索赔。

（2）能够根据建设工程施工过程中的具体情况，计算索赔工期和费用。

>> **素质目标**

（1）培养学生沟通协调的能力。

（2）培养学生防患于未然的意识。

项目工单

1. 项目描述

本项目以学生小组共同分析典型建设工程施工索赔案例的形式，引导学生对本项目的知识内容进行课前预习、课堂学习及课后巩固，从而帮助学生更好地理解和掌握建设工程施工索赔的有关知识。指导教师需要准备典型建设工程施工索赔案例，并指导学生以小组为单位对建设工程施工索赔案例进行分析。

2. 小组分工

以 3～5 人为一组，选出组长并进行分工，将小组成员及分工情况填入表 6-1 中。

表 6-1　小组成员及分工情况

班级：　　　　　　　　　　组号：　　　　　　　　　　指导教师：

小组成员	姓名	学号	分工
组长			
组员			

3. 小组讨论

在开展活动前，请各组组长组织组员学习有关资料，讨论下列引导问题。

引导问题 1：什么是索赔？

引导问题 2：索赔的程序是什么？

引导问题 3：索赔的技巧有哪些？

引导问题 4：反索赔的程序是什么？

4．制订计划

根据小组分工，每人制订一份学习计划，并在组内进行阐述。组员之间进行提问与答疑，选出最佳的学习计划，并将其填写在表 6-2 中。

表 6-2　学习计划

序号	学习内容	负责人
1		
2		
3		
4		
5		
6		

5．学习记录

按照本组选出的最佳学习计划进行有关知识的学习，并对建设工程施工索赔案例进行分析，将分析过程中遇到的问题及其解决办法、学习体会及收获记录在表 6-3 中。

表 6-3　学习记录表

班级：　　　　　　　　　　组号：

分析过程中遇到的问题及其解决办法：

学习体会及收获：

任务一　了解建设工程施工索赔

任务引入

A 建设工程公司中标某住宅楼施工项目。项目具体内容为地上 16 层、地下 2 层的钢筋混凝土剪力墙结构施工。发包人与 A 建设工程公司、B 监理公司分别签订了施工合同、监理合同。A 建设工程公司将土方开挖、外墙涂料和防水工程分包给专业公司，并签订了分包合同。

该住宅楼建筑面积为 15 023 m²，建设工期为 455 日历天，2023 年 8 月 1 日开工，2024 年 11 月 25 日竣工，工程造价为 3 000 万元。施工合同规定，合同价款调整依据为发包人认定的工程量增减、设计变更和洽商；外墙涂料和防水工程材料费的调整依据为该地区工程造价管理部门公布的价格调整文件。工程施工过程中发生以下事件。

事件 1：A 建设工程公司于 7 月 24 日进场，进行开工前的准备工作。原定 8 月 1 日开工，但因发包人办理伐树手续而延误至 8 月 5 日才开工，因此 A 建设工程公司要求工期顺延 4 天。

事件 2：土方公司在基础开挖中遇到地下文物，采取了必要的保护措施。为此，A 建设工程公司建议土方公司向发包人索赔。

事件 3：监理工程师检查卫生间防水工程时，发现有漏水的房间，便记录情况并要求防水公司整改。防水公司整改后向监理工程师进行了口头汇报，监理工程师便签证认可。事后发现仍有部分房间漏水，需要进行返修。

事件 4：在做屋面防水时，监理工程师检查发现施工不符合设计要求，防水公司也自认为难以达到合同规定的质量要求，遂向监理工程师提出终止合同的书面申请。

思考

（1）事件 1 中，A 建设工程公司的要求成立吗？

（2）事件 2 中，A 建设工程公司的做法正确吗？为什么？

（3）事件 3 中，返修的经济损失应由谁承担？监理工程师的做法有什么问题？

（4）事件 4 中，监理工程师应如何协调处理？

一、索赔概述

在建设工程施工过程中，索赔是一种常见的行为。由于施工现场条件、气候条件、施工进度、物价的变化，以及合同条款、规范、标准文件和施工图纸的变更等因素，施工过程中不可避免地会出现索赔问题。索赔是一种合法的权益保障行为，是建设工程施工过程中的正常现象。

（一）索赔的概念

索赔是指当事人在合同实施过程中，根据法律、合同规定及惯例，对不应由自己承担责任的情况造成的损失，向合同的另一方当事人要求给予赔偿或补偿的行为。索赔是要求给予赔偿或补偿的权利主张，其依据是合同文件及适用法律的规定，以及切实的证据。施工索赔是指在施工阶段发生的索赔。

特别提示

施工合同的双方都有通过索赔维护自己合法利益的权利，双方依据约定的合同责任，构成正确履行合同义务的制约关系。

（二）索赔的特征

索赔具有以下特征。

（1）索赔是双向的，承包人可以向发包人索赔，发包人同样可以向承包人索赔。

（2）只有发生了实际的经济损失或权利损害时，损失方才能向对方索赔。

（3）索赔是一种未经对方确认的单方行为，对对方尚未形成约束力，索赔要求最终能否实现，必须通过双方确认，如双方协商、谈判、调解等。

（4）索赔具有一定的时效性，损失方应在经济损失或权利损害发生后的规定时间内提出索赔意向。

特别提示

经济损失是指因对方原因造成的合同外支出。权利损害是指虽然没有经济上的损失，但造成了一方权利上的损害。

（三）索赔的分类

索赔可以从不同的角度、按不同的方法和标准进行分类。一般来讲，索赔可按索赔目的、索赔事件性质、索赔处理方式、索赔合同依据和索赔有关当事人等进行分类。

1. 按索赔目的分类

按索赔目的不同，索赔可以分为工期索赔和费用索赔。

（1）工期索赔一般是指承包人向发包人，或分包人向承包人要求延长工期。非承包人原因导致工期延误的，承包人可以向发包人要求合理顺延合同工期，从而使其免于承担误期罚款。

（2）费用索赔即要求补偿经济损失、调整合同价格。承包人可以要求发包人补偿不应由承包人承担的经济损失或额外费用，发包人也可以向承包人要求补偿因承包人违约导致的发包人经济损失。

2．按索赔事件性质分类

按索赔事件性质不同，索赔可以分为工程延期索赔、工程加速索赔、工程变更索赔、工程终止索赔、不可预见的不利条件索赔、不可抗力事件引起的索赔、其他索赔等。

（1）工程延期索赔。因发包人未按合同要求提供施工条件，或发包人指示暂停工程，或不可抗力事件等原因造成工程延期的，承包人可以向发包人提出索赔。因承包人的原因导致工程延期的，发包人也可以向承包人提出索赔。

（2）工程加速索赔。由于发包人指示承包人加快施工进度并缩短工期而造成的承包人人力、物力、财力的额外开支，承包人可以向发包人提出索赔。承包人指示分包人加快施工进度的，分包人也可以向承包人提出索赔。

（3）工程变更索赔。由于发包人指示增加（减少）工程量、增加附加工程，或修改设计并变更工程顺序等，造成工程延期和费用增加的，承包人可以向发包人提出索赔。

（4）工程终止索赔。由于发包人违约或发生了不可抗力事件等，造成工程非正常终止的，承包人和分包人可就蒙受的经济损失提出索赔。由于承包人或分包人的原因导致工程非正常终止，或合同无法继续履行的，发包人可以对此提出索赔。

（5）不可预见的不利条件索赔。承包人在工程施工期间遇见不可预见的不利条件（如不可预见的地下水、地质断层、溶洞、地下障碍物等）时，可以就因此蒙受的损失向发包人提出索赔。

（6）不可抗力事件引起的索赔。工程施工期间因不可抗力事件而蒙受损失的一方，可以根据合同中对不可抗力风险分担的约定，向对方提出索赔。

（7）其他索赔包括因货币贬值、汇率变化、物价上涨或政策法令变化等原因引起的索赔。

3．按索赔处理方式分类

按索赔处理方式不同，索赔可以分为单项索赔和总索赔。

（1）单项索赔是针对某一干扰事件提出的。单项索赔是在合同实施过程中，干扰事件发生时或发生后立即进行的。单项索赔由合同管理人员处理，并在合同规定的索赔有效期内向发包人提交索赔意向通知书和索赔报告。

（2）总索赔又称为一揽子索赔或综合索赔，是经常被采用的索赔方式。在工程竣工前，承包人将施工过程中未解决的单项索赔集中起来，提出总索赔报告。合同双方在工程交付前或交付后进行最终谈判，以一揽子方案解决索赔问题。

4. 按索赔合同依据分类

按索赔合同依据不同，索赔可以分为合同内索赔、合同外索赔和道义索赔。

（1）合同内索赔是指索赔所涉及的内容可以在合同中找到依据，并可根据合同条款或协议确定责任方，按违约规定和索赔工期、费用的计算办法提出索赔。一般情况下，合同内索赔的处理相对顺利些，且不容易发生争议。

（2）合同外索赔是指承包人的索赔要求虽然在合同条款中没有专门的文字叙述，但可以根据该合同某些条款的含义，推断出承包人有索赔权。这种索赔要求同样有法律效力，承包人有权得到相应的经济补偿。

（3）道义索赔是指承包人无论在合同内或合同外都找不到进行索赔的依据，没有提出索赔的条件和理由。但在合同履行过程中，承包人诚实可信，为工程的质量、进度尽了最大努力，且由于工程实施过程中估计失误，承包人确实蒙受了较大的损失，因此恳请发包人尽力给予补助。在此情况下，发包人在详细了解实际情况后，为了使自己的工程获得良好的进展，并出于对承包人的同情和信任，会慷慨予以补助。

5. 按索赔有关当事人分类

按索赔有关当事人不同，索赔可以分为以下几种类型。

（1）承包人与发包人之间的索赔。此类索赔发生在建设工程施工合同双方当事人之间，包括承包人向发包人索赔，也包括发包人向承包人索赔，不过在实际中大部分是承包人向发包人索赔。

（2）承包人与分包人之间的索赔。

（3）承包人或发包人与供货人之间的索赔。

（4）承包人或发包人与保险人之间的索赔。

特别提示

　　由于在实际工程项目中，承包人向发包人索赔的情况比较多，所以之后与索赔有关的内容，均是以承包人向发包人索赔为例进行讲解。

（四）索赔的原因

索赔的原因非常多，而且比较复杂，主要有发包人违约、合同缺陷、施工条件变化、国家政策与法规变更、物价上涨、指示变更、工程变更、工期拖延等。

1. 发包人违约

发包人违约常常表现为发包人未按合同规定的时间和要求向承包人提供施工场地、创造施工条件、提供材料和设备，发包人未按规定向承包人支付工程款，监理工程师未按规定时间提供施工图纸、指示或批复，或监理工程师提供错误数据、下达错误指令等。发包人违约导致承包人工程成本增加和（或）工期延长的，承包人可以向发包人提出索赔。

2. 合同缺陷

合同缺陷常常表现为合同内容的不严谨、矛盾、遗漏或错误等，包括商务条款中的缺陷，以及技术规范和图纸中的缺陷。在这种情况下，监理工程师有权作出解释，但如果承包人执行监理工程师的解释后引起成本增加和（或）工期延长的，承包人可以向发包人提出索赔。

3. 施工条件变化

在工程施工中，施工条件变化对工期和造价的影响很大。不利的自然条件及人为障碍经常导致设计变更、工期延长和工程成本大幅度增加。如果招标文件对现场条件的描述存在失误，或出现有经验的承包人难以合理预见的现场条件，如在土方工程中发现地下古代建筑遗迹或文物、遇到高腐蚀性水或毒气等，导致承包人必须花费更多的时间和费用的，承包人可以向发包人提出索赔。

施工条件变化导致的
施工索赔案例

4. 国家政策与法规变更

国家政策与法规变更通常是指国家或地方的任何法律法规、法令、政令，以及其他法律、规章发生变更。当国家政策与法规变更直接影响到工程造价，导致承包人成本增加时，承包人可以向发包人提出索赔。

5. 物价上涨

由于物价上涨，引起人工费、材料费，甚至机械费增加，导致工程成本大幅度增加的，承包人可以向发包人提出索赔。

课堂互动

某商住楼工程项目建筑面积为 $8\,960\ m^2$。发包人已提供三通一平（通电、通路、通水、土地平整），资金也已到位，施工许可证已领取，项目基本具备开工条件。发包人与承包人协商采用固定单价合同，合同单价为 880 元/m^2。工程于 2024 年 1 月开工，开工后工程基本顺利，2024 年 6 月结构封顶，7 月上旬完成砌体工程。7 月底工程停工，原因是施工期间钢筋等主要材料价格上涨过快，而合同单价过低。由于承包人为外地施工企业，不了解当地价格水平，并且承包人未考虑材料涨价风险，将合同价格定得过低，因此承包人根据实际钢筋价格上涨水平向发包人提出了索赔。

同学们认为发包人是否应该同意承包人提出的索赔？

6. 指示变更

由于发包人和监理工程师原因造成临时停工或施工中断,特别是由于发包人和监理工程师的不合理指示造成施工效率大幅度降低,从而导致施工费用增加的,承包人可以向发包人提出索赔。

7. 工程变更

在工程施工过程中,监理工程师发现设计、质量标准或施工顺序等存在问题时,往往需要指示增加新工作、改换建筑材料、暂停施工或加速施工等。这些指示变更会使承包人的施工费用增加,承包人可以据此向发包人提出索赔。

8. 工期拖延

大型建设工程施工通常会受到天气、水文、地质等因素的影响,出现工期延误。在分析延误原因、明确延误责任时,发承包双方往往会产生分歧,导致承包人实际支出的计划外施工费用得不到补偿,承包人可以据此向发包人提出索赔。

二、索赔依据

索赔是注重依据的工作,为了索赔成功,索赔方必须根据工程实际情况进行大量的索赔论证工作,以大量资料来证明自己所拥有的权利和应得的索赔款项。建设工程施工索赔的依据主要有合同文件、法律和法规、其他索赔依据等。

(一)合同文件

合同文件是索赔最主要的依据。在合同实施过程中遇到索赔事件时,监理人应以完全独立的身份,站在客观公正的立场上,审查索赔要求的正当性,详细了解合同条款、协议条款等,以合同为依据来公平处理合同双方的利益纠纷。

(二)法律和法规

建设工程施工合同适用的法律和法规等是施工索赔的依据,因为所有的索赔要求都必须符合法律和法规的规定。

(三)其他索赔依据

其他索赔依据主要包括以下内容。

(1)招标文件,包括发包人认可的工程实施计划、施工组织设计、工程图纸、技术规范等。

（2）工程各项设计交底记录、变更图纸指示、变更施工指示等。

（3）工程各项经发包人或监理工程师签认的资料。

（4）工程各项往来信件、通知、答复等。

（5）工程各项会议纪要。

（6）施工计划及现场实施情况记录。

（7）施工日报及工长工作日志、备忘录。

（8）工程送电、送水的日期及数量记录。

（9）工程道路开通、封闭的日期及数量记录。

（10）工程停电、停水和干扰事件影响的日期及恢复施工的日期。

（11）工程预付款、进度款拨付的数额及日期记录。

（12）工程有关施工部位的照片及录像等。

（13）工程现场气候记录，如有关天气的温度、风力、雨雪等。

（14）工程验收报告及各项技术鉴定报告等。

（15）工程材料采购、订货、运输、进场、验收、使用等方面的凭据。

三、索赔文件

索赔文件是承包人向发包人索赔的正式书面材料，也是发包人审议承包人索赔请求的主要依据。索赔文件主要包括索赔意向通知书和索赔报告。

（一）索赔意向通知书

索赔意向通知书仅是承包人向发包人或监理工程师表明索赔意向的材料，所以应当简明扼要。索赔意向通知书需要说明索赔事件的名称、发生时间和地点，索赔事件的事实情况和发展动态，索赔所引证的合同条款，索赔事件对工程成本和工期产生的不利影响等内容。至于索赔的款额、工期及有关证据资料，应在合同规定的时间内另行报送。

（二）索赔报告

索赔报告的具体内容随索赔事件性质和特点的不同而有所不同。一般来讲，一份完整的索赔报告应包括总论部分、论证部分、计算部分和证据部分。

1. 总论部分

总论部分是承包人致发包人或监理工程师的一封简短的提纲性信函，简要论述索赔事件发生的日期和过程，承包人为该索赔事件所付出的努力和附加开支，承包人的具体索赔要求等。在总论部分的最后，应附上索赔报告编写组主要人员及审核人员的名单，注明有关人员的职称、职务及施工索赔经验，以表示该索赔报告的严肃性和权威性。

2．论证部分

论证部分是索赔报告的关键部分，也是索赔能否成立的关键，其目的是说明承包人有索赔权。论证部分的主要内容包括该工程项目的合同文件及有关此项索赔的法律法规规定，以及承包人理应获得的经济补偿和（或）工期延长。因此，施工索赔人员应通晓合同文件，善于在合同条款、技术规程、工程量表及合同函件中寻找索赔的法律依据，使自己的索赔要求建立在合同、法律的基础上。

论证部分的具体内容随各索赔事件情况的不同而不同。一般来讲，论证部分应包括索赔事件的发生情况、已递交索赔意向书的情况、索赔事件的处理过程、索赔要求的合同根据、所附的证据资料等内容。

特别提示

在写法结构上，论证部分应按照索赔事件发生、发展、处理和最终解决的过程编写，并明确全文引用的有关合同条款，使发包人和监理人能清晰明了地了解索赔事件的始末，并充分认识该项索赔的合理性和合法性。

3．计算部分

计算部分是以具体的计算方法和计算过程，说明承包人应得到的经济补偿的款额或工期延长的时间。如果说论证部分的任务是解决索赔能否成立的问题，那么计算部分的任务就是决定应得到多少索赔款和工期。前者是定性的，后者是定量的。

在计算部分，承包人必须阐明索赔款的要求总额和各项索赔款的详情（如额外开支的人工费、材料费、管理费和损失利润等），指明各项开支的计算依据及证据资料。

承包人应注意采用合适的计价方法。至于采用哪一种计价方法，应根据索赔事件的特点及自己所掌握的证据资料等因素来确定。承包人应注意每项开支款的合理性，并指出相应证据资料的名称及编号，切忌采用笼统的计价方法和不实的开支款额。

4．证据部分

证据部分包括该索赔事件所涉及的一切证据资料及对这些证据的说明。证据是索赔报告的必要组成部分，应具有真实性、全面性、关联性、及时性、法律证明效力性等。

➢ 真实性：索赔证据必须是在合同实施过程中确定存在和发生的，必须完全反映实际情况，能经得住推敲。

➢ 全面性：所提供的证据应能说明事件的全过程。索赔报告中涉及的索赔理由、事件过程、影响、索赔款额等都应有相应证据，不能零乱和支离破碎。

➢ 关联性：索赔的证据应当互相说明，互相具有关联性，不能互相矛盾。

➢ 及时性：索赔证据的取得及提出应当及时，符合合同约定。

> 法律证明效力性：证据必须是书面文件，有关记录、协议、纪要必须是双方签署的，工程中重大事件和特殊情况的记录、统计必须由合同约定的发包人现场代表或监理工程师签证认可。

 任务实施

通过本任务的学习，相信同学们已经知道了任务引入中问题的答案。

（1）事件1中，A建设工程公司的要求是成立的，因为该延误属于发包人的责任。

（2）事件2中，A建设工程公司的做法不正确，因为土方公司为分包人，与发包人没有合同关系。

（3）返修的经济损失应由防水公司承担。监理工程师的做法有以下问题。

① 监理工程师不能直接要求防水公司整改，应要求A建设工程公司整改。

② 监理工程师不能只凭防水公司的口头汇报就签证认可，应到现场复验。

③ 监理工程师不能根据防水公司的要求进行签证，应根据A建设工程公司的申请进行复验、签证。

（4）监理工程师协调处理时应做到以下几点。

① 拒绝接受防水公司终止合同的书面申请。

② 要求A建设工程公司与防水公司进行协商，双方达成一致后解除合同。

③ 要求A建设工程公司对不合格工程进行返修。

任务二　进行建设工程施工索赔

任务引入

某写字楼建设工程，发包人与承包人经过协商签订了建设工程施工合同。合同中规定，该工程建筑面积为18 000 m²，合同价为2 600万元，工程开工日期为2022年10月5日，竣工日期为2024年6月5日。工程按期开工后发生了2次停工，承包人对损失提出如下索赔要求。

（1）2023年4月8日，因发包人供应的钢材料检验不合格，承包人需要等待钢材料更换，导致部分工程停工19天。承包人针对停工损失的人工费、机械闲置费等提出了6.8万元的索赔。

（2）2023年10月22日，承包人书面通知发包人于当月25日组织结构验收。因发包人接收通知的人员外出开会，使结构验收推迟到当月29日才进行，发包人也

没有事先通知承包人。承包人针对装修人员停工等待 4 天的费用损失提出了 1.8 万元的索赔。

 思考

（1）简述承包人提出索赔的程序。

（2）发包人面对承包人提出的索赔，应采用什么方法进行反索赔？

一、索赔的程序

索赔的程序一般包括发出索赔意向通知书、递交索赔报告、审查索赔报告、进行索赔谈判和解决索赔争端。

（一）发出索赔意向通知书

凡是非承包人原因引起工程成本增加和（或）工期延长的，承包人有权提出索赔。承包人应在知道或应当知道索赔事件发生后 28 天内，向监理人发出索赔意向通知书，并说明发生索赔事件的缘由。承包人逾期未发出索赔意向通知书的，丧失要求追加付款和（或）延长工期的权利。

特别提示

当索赔事件发生时，承包人一方面以书面形式向发包人或监理人发出索赔意向通知书，另一方面应继续施工，不能影响施工的正常进行。

（二）递交索赔报告

承包人应在发出索赔意向通知书后 28 天内，向监理人正式递交索赔报告。索赔报告应详细说明索赔理由，以及要求追加的付款金额和（或）延长的工期，并附必要的记录和证明材料。如果索赔事件具有连续性，即事件在继续发展，则按合同规定，承包人应每隔一定时间向监理人报送一次补充资料，说明事件的发展情况。在索赔事件影响结束后 28 天内，承包人应向监理人递交最终索赔报告，说明最终要求追加的付款金额和（或）延长的工期，并附必要的记录和证明材料。

特别提示

索赔的成功与否很大程度上取决于承包人对索赔权的论证和准备的证据资料是否充分。如果承包人抓住了合同履行中的索赔机会，但是拿不出索赔证据或证据不充分，那么其索赔要求往往难以满足或被大打折扣。因此，承包人在正式递交索赔报告前的资料准备工作极为重要。这就要求承包人注意记录和保存施工过程中的各种资料，并可随时从中提取与索赔事件有关的证明资料。

（三）审查索赔报告

发包人或监理人收到承包人递交的索赔报告后，应及时审查索赔报告的内容，索赔要求的合理性和合法性，以及索赔款额的计算是否正确、合理，对不合理的索赔要求或不明确的地方应提出反驳和质疑，或要求承包人作出解释和补充。

监理人应在收到索赔报告后 14 天内完成审查并将其报送发包人。发包人应在监理人收到索赔报告或有关索赔的进一步证明材料后的 28 天内，通过监理人向承包人出具经发包人签认的索赔处理结果。发包人逾期未答复的，则视为认可承包人的索赔要求。

笔记

（四）进行索赔谈判

发包人或监理人对索赔报告审查完成后，一般需要承包人做出进一步的解释和补充，而发包人或监理人也需要对索赔报告提出的初步处理意见作出解释和说明，发包人、监理人和承包人三方应就索赔的解决进行讨论、磋商，即进行索赔谈判。

监理人在与发包人、承包人广泛讨论后，应向发包人和承包人提出自己的索赔处理决定。监理人在索赔处理决定中应简明地叙述索赔事件、理由和建议给予补偿的款额和（或）延长的工期，并在附件中提供索赔评价报告。在索赔评价报告中，监理人应根据所掌握的实际情况，详细叙述索赔的事实依据、合同及法律依据，论述承包人索赔的合理方面和不合理方面，详细计算应给予的补偿。索赔评价报告是监理人站在公平的立场上独立编制的。当监理人确定的索赔款额超过其权限范围时，需要报请发包人批准。

发包人应首先根据事件发生的原因、责任范围、合同条款等审核承包人的索赔报告和监理人的索赔处理决定，再依据工程建设的目的、投资控制、竣工投产日期要求，以及针对承包人在施工中的缺陷或违反合同规定等有关情况，决定是否批准监理人的索赔处理决定。索赔报告经发包人批准后，即可由监理人签发有关证书。

（五）解决索赔争端

如果发包人和承包人通过谈判不能解决索赔事件，那么可以将争端提交给监理人解决。监理人收到有关解决争端的申请后，在一定时间内要做出索赔决定。发包人或承包人如果对监理人的索赔决定不满意，可以申请仲裁或起诉。

特别提示

争端发生后，一般情况下，发承包双方都应继续履行合同，保持施工连续，保护好已完工程。只有当出现单方违约导致合同无法履行、双方协议停止施工、调解要求停止施工且被双方接受、仲裁机关或法院要求停止施工等情况时，当事人才可停止履行合同。

二、索赔的计算

索赔的计算主要包括工期索赔计算和费用索赔计算。

（一）工期索赔计算

工期索赔是指在工程施工中，发生了一些未能预见的干扰事件使得施工不能按计划完成，致使工期延长而引发的索赔。工期索赔的计算方法主要有网络分析法和比例计算法。

1. 网络分析法

网络分析法是指通过分析干扰事件发生前后的网络计划，对比两种工期计算结果，来计算工期索赔值的方法。它是一种科学、合理的分析方法，适用于各种干扰事件的索赔。采用网络分析法计算工期索赔值的注意事项如下。

网络分析法的应用

（1）若延误的工作为关键工作，则延误时间为工期索赔值。

（2）若延误的工作为非关键工作，但在延误后成为关键工作，则可将延误时间与工序总时差的差值作为工期索赔值。

（3）若延误的工作为非关键工作，且在延误后仍为非关键工作，则不存在工期索赔问题。

 特别提示

> 网络计划是指利用计算机网络技术进行信息传输、数据处理和资源共享的计划。
> 工序总时差是指在不影响工期的情况下，可以耽误的时间。

2. 比例计算法

在实际工程中，干扰事件常常仅影响某些单项工程、单位工程或分部分项工程的工期，要分析它们对总工期的影响，可以采用更为简单的比例计算法，即以某个技术经济指标作为比较基础，计算工期索赔值。采用比例计算法确定工期索赔值的计算公式如下。

（1）当已知部分工程的延期时间时，工期索赔值的计算公式如下。

$$\text{工期索赔值} = \frac{\text{该部分工程的合同价}}{\text{原合同总价}} \times \text{该部分工程的延期时间} \tag{6-1}$$

（2）当已知额外增加工程量的价格时，工期索赔值的计算公式如下。

$$\text{工期索赔值} = \frac{\text{额外增加工程量的价格}}{\text{原合同总价}} \times \text{原合同总工期} \tag{6-2}$$

比例计算法在实际工程中用得较多，主要是因为此法计算简单、方便，不需要做复杂的网络分析，而且在概念上也容易理解。需要注意的是，比例计算法通常不适用于变更工程施工顺序、加速施工、删减工程量等情况下工期索赔值的计算。

案例分析

【案例】某施工合同规定工程分为两个阶段进行施工，土建工程 24 个月，安装工程 14 个月。假设以一定量的劳动力需要量为相对单位，则合同规定的土建工程量可折算为 350 个相对单位，安装工程量可折算为 80 个相对单位。合同规定，在工程量增减 10% 的范围内，承包人应承担工期风险，不能要求工期补偿。在工程施工过程中，实际的土建和安装工程量都有较大幅度地增加。实际土建工程量增加到 450 个相对单位，实际安装工程量增加到 120 个相对单位。求承包人可以提出的工期索赔值。

【分析】本案例中不索赔的工程量上限如下。

不索赔的土建工程量上限为 $350 \times 1.1 = 385$（个相对单位）；

不索赔的安装工程量上限为 $80 \times 1.1 = 88$（个相对单位）。

本案例中已知额外增加的工程量，由此造成的工期延长时间如下。

土建工程工期延长时间为 $24 \times \dfrac{450 - 385}{385} \approx 4.1$（月）；

安装工程工期延长时间为 $14 \times \dfrac{120 - 88}{88} \approx 5.1$（月）；

承包人可以提出的工期索赔值为 $4.1 + 5.1 = 9.2$（月）。

（二）费用索赔计算

费用索赔是指承包人因非自身原因而遭受经济损失时，向发包人提出补偿其额外经济损失的索赔。费用索赔的计算方法主要有分项计算法和总费用法。

1. 分项计算法

分项计算法是指以每个索赔事件为对象，以承包人为某项索赔工作所支付的实际开支为依据，向发包人提出经济补偿的方法。每项费用索赔应计算由于该事项的影响，导致承包人发生的超出原计划的费用，也就是该项工程施工中所发生的额外人工费、材料费、机械费，以及相应的管理费等，有些索赔事项还可以列入应得的利润。

分项计算法的步骤如下。

（1）分析每个或每类索赔事件所影响的费用项目。这些费用项目一般与合同价中的费用项目一致，如直接费、管理费、利润等。

（2）用适当的方法确定各项费用，计算每个费用项目受索赔事件影响后的实际成本或费用，与合同价中的费用相对比，求出各项费用超出原计划的部分。

（3）将各项费用汇总，即得到总费用索赔值。

为了准确计算实际的成本支出，承包人在现场的成本记录或单据等资料都是必不可少的，因此在项目施工过程中一定要注意收集和保留。

2．总费用法

总费用法又称为总成本法，是指先计算出索赔工程的实际总费用，再减去中标合同中的估算总费用，得到索赔金额的方法。总费用法计算方法简单，但不科学，一般用于发生多次索赔事件后，这些索赔事件相互纠缠、无法区分，需要重新计算出该索赔工程的实际总费用的情况。一般来讲，在具备以下条件时采用总费用法是合理的。

（1）已开支的实际总费用经过审核，被认为是合理的。

（2）承包人的原始投标报价是合理的。

（3）费用的增加是由发包人造成的，没有承包人管理不善的责任。

（4）由于该索赔事件的性质及现场记录不足，难以采用更精确的计算方法。

三、索赔的技巧

索赔的技巧是为索赔策略与目标服务的，因此在确定了索赔策略与目标之后，索赔的技巧就显得格外重要，它是索赔策略的具体体现。索赔的技巧应因人、因客观环境条件而异，具体方法需要根据实际情况灵活调整。

（一）把握索赔机会

一个有经验的承包人，在投标报价时就应考虑到将来可能发生索赔的问题，仔细分析招标文件中的合同条款和规范，仔细踏勘施工现场，探索可能索赔的机会；在进行单价分析时应考虑到生产效率，将工程成本与投入资源的效率结合起来。这样在施工过程中论证索赔原因时，可引用效率降低来论证索赔的合理性。

（二）商签合同协议

在商签合同过程中，承包人应对明显将重大风险转嫁给自身的合同条件提出修改要求，对达成修改的协议应以谈判纪要的形式写出，作为该合同文件的有效组成部分。同时，承包人要对发包人开脱责任的条款特别注意，如合同中不列索赔条款、逾期付款无时限或无利息、没有调价公式等。

笔记

（三）及时收集索赔证据

承包人在工程施工过程中，需要注意收集有可能发生索赔的证据。当监理人口头变更指示时，承包人需要对口头变更指示予以书面确认，以防后面监理人矢口否认，拒绝承包人的索赔要求。承包人在提出索赔前，需要确保收集到足够的索赔证据。

（四）索赔计算方法和款额要适当

承包人要采用易于发包人接受的索赔计算方法，使索赔能够较快得到解决。承包人提出的索赔款额要适当，过高的索赔款额容易让对方反感，使索赔报告被束之高阁，长时间得不到解决。

（五）力争单项索赔，避免一揽子索赔

单项索赔事件简单，容易解决，而且承包人能及时得到支付；一揽子索赔问题复杂，金额大，不易解决，承包人往往到工程结束后还得不到支付。因此，承包人要力争单项索赔，避免一揽子索赔。

（六）防止情绪对立，力争友好解决

在索赔过程中，争端是难免的。当发生争端时，承包人应头脑冷静，防止情绪对立，力争友好解决。不理智地协商和讨论，会使一些本来可以解决的问题无法妥善解决。

> **特别提示**
>
> 承包人应同监理人保持友好关系，争取在索赔事件发生时得到监理人的公正裁决，竭力避免仲裁或诉讼。

四、反索赔

反索赔是指防止或反击对方提出的索赔，目的是不让对方提出的索赔成功或全部成功。在合同实施过程中，发包人与承包人之间、承包人与分包人之间、承包人与材料或设备供应商之间等都可能发生反索赔。索赔和反索赔是进攻和防守的关系，在合同实施过程中，各方都需要做到能攻善守，攻守结合。

反索赔的注意事项

（一）反索赔的意义

反索赔对合同双方有同等重要的意义，主要体现在以下方面。

（1）反索赔可以减少和防止损失的发生，它直接关系到工程的经济效益。如果不能

进行有效的反索赔，不能卸除自己对干扰事件的合同责任，那么就需要满足对方的索赔要求，支付索赔费用。

（2）如果不能进行有效的反索赔，一直处于被动挨打的局面，工程管理人员的士气就会受到影响，进而影响整个工程的施工和管理。

（3）反索赔有助于本方发现自身可能存在的索赔点。

（二）反索赔的内容

在合同实施过程中，一旦出现干扰事件，合同双方均会企图推卸自己的合同责任，并企图进行索赔，若不能进行有效的反索赔，同样会有损失，所以反索赔和索赔具有同等重要的地位。反索赔的目的是防止损失发生，其内容主要包括防止对方索赔和反击对方索赔。

1. 防止对方索赔

在合同实施过程中应积极防御，防止对方索赔。通常，防止对方索赔应做到以下几点。

（1）遵守合同，防止违约。通过加强施工管理，尤其是合同管理，使工程按合同的规定进行，这样索赔就不会发生，合同双方也就不会有争执。

（2）积极应对索赔，做好两手准备。当干扰事件发生时，应积极着手分析，收集证据，一方面做索赔处理，另一方面准备反击对方的索赔。

（3）先发制人，提出索赔。如果发生的干扰事件于双方都有责任，那么应先发制人，提出索赔。

2. 反击对方索赔

在合同实施过程中，遇到索赔事件后，为减少损失，双方都需要做好反击对方索赔的工作。常用的反击对方索赔的方法如下。

（1）仔细分析索赔事件，找出对方的薄弱环节，抓住对方的失误，提出索赔，最终使双方都让步，互不支付，即"以攻对攻"。这是常用的反索赔方法。在合同实施过程中，发包人常用"以攻对攻"的方法对抗承包人的索赔，达到少支付或不支付的目的，具体如下。

① 工程质量反索赔。发包人找出工程中的质量问题进行索赔，以对抗承包人的索赔。

② 履约担保反索赔。发包人找出承包人不履行合同的行为，进而提出索赔。

③ 预付款担保反索赔。发包人对承包人不按期归还预付款的违约行为提出索赔。

④ 拖延工期反索赔。发包人对承包人拖延工期而给发包人造成的经济损失提出索赔。

⑤ 保修期内的反索赔。在工程保修期内，因承

笔记

包人原因出现工程质量问题，且其在规定时间内未予以维修的，发包人可就此造成的损失向承包人提出索赔。

⑥ 承包人未遵循监理人指示的反索赔。承包人未遵循监理人的指示完成应由其自费进行的缺陷补救工作，出现移走或调换不合格材料或重新做好有关工程时，发包人可提出索赔。

⑦ 不可抗力的反索赔。在不可抗力引发风险事件之前，对于已经被监理人认定为不合格的工程费用，发包人可提出索赔。

（2）反驳对方的索赔报告，找出对方索赔报告中不符合事实的情况，以卸除或减轻索赔责任。反驳对方的索赔报告时，通常可以从以下几方面入手。

① 索赔事件真实性分析。当索赔事件发生时，首先应对索赔事件的真实性进行分析，不真实的索赔事件是不成立的。

② 干扰事件影响及责任分析。可通过施工计划和施工状态对干扰事件的影响进行分析，进而分析出干扰事件的责任。当干扰事件的损失责任在于索赔方、合同双方或其他责任方时，不应由本方承担或全部承担索赔责任。

③ 索赔理由分析。反索赔和索赔一样，要找到对本方有利的法律条文，或找到对对方不利的法律条文，使对方的索赔理由不充分，进而否定或部分否定对方的索赔。

④ 证据分析。当证据不足、证据不当或仅有片面的证据时，索赔是不成立的。

特别提示

若通过各种方法仍不能从根本上否定索赔要求，则需要对索赔报告中计算索赔值的基础数据及计算方法进行认真审核，以防出现错误或不合理的情况。

在合同实施过程中，这两种反击对方索赔的方法都很重要，常常同时使用。索赔和反索赔同时进行，索赔报告中既有索赔，也有反索赔；反索赔报告中既有反索赔，也有索赔。攻守并用会达到很好的索赔效果。

（三）反索赔的程序

一般来讲，反索赔的程序包括合同的总体分析、事态调查、三种状态分析、对索赔报告进行全面分析、起草并向对方递交反索赔报告。

1. 合同的总体分析

在接到对方的索赔报告后，应着手对合同进行总体分析，以评审对方索赔的理由和依据，找出对自己有利和不利的地方，重点分析与对方索赔报告有关的合同条款。

2. 事态调查

反索赔也需要以事实为依据，应通过调查干扰事件的起因、经过、持续事件、影响范围等真实且详细的情况，对照索赔报告中对干扰事件的描述和所附证据，找出不合理点或失实点，以备反驳。

3. 三种状态分析

在事态调查的基础上，需要对合同状态、可能状态和实际状态进行分析。

1）合同状态分析

合同状态分析是指在不考虑任何干扰事件的影响下，仅对合同签订时的情况和依据进行分析，具体包括合同条件、当时的工程环境、实施方案、合同报价水平等，这些是对方索赔和计算索赔值的依据。

2）可能状态分析

可能状态分析是指在合同状态分析的基础上，对对方有理由提出索赔的可能干扰事件进行分析。在合同实施过程中，干扰事件不可避免，这使得合同状态难以保持。对可能干扰事件的分析，常常从以下两个方面入手。

（1）确定干扰事件的责任承担者。

（2）如果干扰事件不在合同规定的对方应承担的风险范围内，那么需要确定干扰事件是否符合合同规定的索赔补偿条件。

3）实际状态分析

实际状态分析是指对实际的合同实施情况进行分析。按实际工程量、生产效率、劳动力安排、价格水平、施工方案等，确定实际的工期和费用支出。

通过上述分析，可以全面评价合同及合同实施情况，评价双方合同责任的完成情况；对对方有理由提出索赔的部分进行总概括；分析出对方有理由提出索赔的干扰事件及索赔的大约值或最高值；对对方的失误和风险范围进行具体指认，以此作为谈判中的攻击点；针对对方的失误做进一步分析，以准备向对方提出索赔。

4. 对索赔报告进行全面分析

对索赔报告进行全面分析时，可采用索赔分析评价表对索赔要求、索赔理由进行逐条详细分析和评价，并分别列出对方索赔报告中的干扰事件、索赔要求、索赔理由，提出本方的反驳理由、处理意见等。

5. 起草并向对方递交反索赔报告

反索赔报告是正规的法律文件。在调解或仲裁中，对方的索赔报告和本方的反索赔报告应一起递交给调解人或仲裁人。反索赔报告与索赔报告相似，主要内容包括以下几个方面。

（1）合同总体分析结果简述。

（2）合同实施情况简述和评价，包括陈述对方索赔报告中问题和干扰事件的事实情况、三种状态分析结果、对双方合同任务完成情况和工程施工情况的评价等。内容重点在于避免承担对方索赔报告中提出的干扰事件的合同责任。

（3）反驳对方的索赔。按具体的干扰事件，逐条反驳对方的索赔，详细分析本方的反索赔理由和证据。

（4）提出索赔，对经合同的总体分析和三种状态分析得出的对方违约责任，提出本方的索赔要求。通常，可在反索赔报告中提出索赔，也可另外出具本方的索赔报告。

（5）全面总结。反索赔的全面总结通常包括以下内容。

① 对合同总体分析做简要概括。

② 对合同实施情况做简要概括。

③ 对对方的索赔报告做总评价。

④ 对本方提出的索赔做概括。

⑤ 对索赔和反索赔最终分析结果进行比较。

⑥ 提出解决意见。

（6）附上各种证据。反索赔报告中应附上所述事件的经过、理由、计算基础、计算过程和计算结果等证据材料。

 任务实施

通过本任务的学习，相信同学们已经知道了任务引入中问题的答案。

（1）承包人提出索赔的程序，一般包括发出索赔意向通知书、递交索赔报告、审查索赔报告、进行索赔谈判、解决索赔争端。

（2）发包人面对承包人提出的索赔，应采用以下方法进行反索赔。

① 用本方提出的索赔对抗对方提出的索赔，最终使双方都让步，互不支付。

② 反驳对方的索赔报告，找出对方索赔报告中不符合事实的情况，以卸除或减轻索赔责任。

砥 节 砺 行

用匠心守护建筑工程质量安全

汪师傅是一名徽派建筑工匠，多年来他深耕建筑领域，始终践行工匠精神，致力于做好每个建筑项目。从业以来，他执着专注、精益求精，用匠心守护建筑工程质量安全。

汪师傅虽然已经到了退休年纪，但他每天还是兢兢业业地坚守工作岗位，一如既往地和大家共同探讨项目建设中遇到的难题，并结合自己的工作经验商讨解决这些难题的方法。

"我在建筑领域奋斗了 40 年，遇到过缺技术、缺资金、缺人才等困难。但从未想过放弃，凭着心里的那份执着和对建筑事业的那份热爱，走到了现在。"汪师傅说。

保证工程质量安全是建筑领域的关键。为了确保工程质量安全，汪师傅每天都要去项目工地实地查看。在厂房的建设工地上，他仔细查看项目基础建设情况，指导工人如何把好施工质量关。

"汪师傅对我们项目建筑质量的要求很严格，平时到工地检查建筑质量时，会和我们一起探讨怎样做比较好，也时刻告诉我们作为一名合格的建筑者，保证建筑工程的质量安全是第一位的。"汪师傅的同事说。

多年来，汪师傅对建筑工程质量安全的严格要求和对工匠精神的不懈追求，使他赢得了良好的口碑，取得了不俗的业绩。凭借这样的精神，王师傅还获得了黄山首届徽派古建大会"十大徽州工匠"荣誉称号。

"一路走来，我知道只有脚踏实地、艰苦奋斗，才能在平凡的岗位上创造一定的辉煌，下一步我将继续以高度的责任感和精益求精的工匠精神，严格把控建筑工程质量安全，为本地工程建设贡献自己的力量。"汪师傅表示。

（资料来源：汪勇、李永辉，《徽州工匠汪文开：用匠心守护建筑工程质量安全》，

祁门县融媒体中心，2023 年 8 月 29 日）

📖 项目实训 ——分析典型建设工程施工索赔案例

1. 实训目的

学生综合运用建设工程施工索赔的有关知识，分析典型建设工程施工索赔案例中的索赔要求是否成立，并计算索赔工期和费用。

2. 实训背景

某建设工程的建筑面积为 38 000 m²，地下一层，地上十六层。施工单位（乙方）与建设单位（甲方）签订了施工总承包合同，合同工期为 600 天。合同约定，工期每提前（或拖后）1 天，奖励（或罚款）1 万元。乙方将屋面和设备安装两项工程的劳务进行了分包，分包合同约定，若造成乙方关键工作的工期延误，每延误 1 天，分包方应赔偿损失 1 万元。主体结构混凝土施工使用的大模板采用租赁方式，租赁合同约定，大模板到货时间每延误 1 天，供货方赔偿 1 万元。乙方提交了施工网络计划，并得到了监理单位和甲方的批准，其示意图如图 6-1 所示。

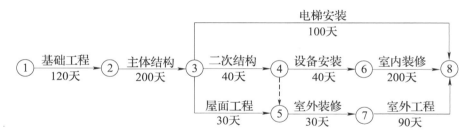

图 6-1　某建设工程的网络计划示意图

施工过程中发生了以下事件。

事件 1：底板防水工程施工时，因特大暴雨导致突发洪水，造成基础工程施工工期延长 5 天。

事件 2：主体结构施工时，大模板未能按期到货，造成乙方主体结构施工工期延长 10 天，直接经济损失 20 万元。

事件 3：屋面工程施工时，乙方的劳务分包方不服从指挥，造成乙方返工，屋面工程施工工期延长 3 天，直接经济损失 0.8 万元。

事件 4：中央空调设备安装过程中，甲方采购的制冷机组因质量问题需要退换货，造成乙方安装工期延长 9 天，直接费用增加 3 万元。

事件 5：甲方对室外装修设计的色彩不满意，针对此项的局部设计需要变更通过审批，这使乙方室外装修晚开工 30 天，直接费损失 0.5 万元；其余各项工作，实际完成工期和费用与原计划相符。

3. 实训内容

（1）学生以小组为单位根据实训背景，组织讨论以下问题。

① 该网络计划的关键线路是哪条？请用文字或符号标出。

② 施工过程中发生的事件中，乙方可以向甲方提出索赔的有哪些？请说明索赔的内容和理由。

③ 乙方可以向大模板供货方和屋面工程劳务分包方提出索赔吗？请说明索赔的内容和理由。

④ 该工程实际总工期为多少天？乙方可得到甲方的工期补偿为多少天？工期奖（罚）款是多少万元？

⑤ 乙方可得到各劳务分包方和大模板供货方的费用赔偿各是多少万元？

（2）各小组选派代表对上述问题进行回答。

（3）指导教师对各组的回答进行点评。

实训内容参考答案　　　　项目思维导图

项目综合考核

1. 填空题

（1）按索赔目的不同，索赔可以分为＿＿＿＿＿＿＿＿＿和＿＿＿＿＿＿＿＿＿。

（2）按索赔处理方式不同，索赔可以分为＿＿＿＿＿＿＿和＿＿＿＿＿＿＿。

（3）索赔文件主要包括＿＿＿＿＿＿＿＿＿＿和＿＿＿＿＿＿＿＿＿＿＿。

（4）一份完整的索赔报告应包括＿＿＿＿＿＿、＿＿＿＿＿＿、＿＿＿＿＿＿和

＿＿＿＿＿＿。

（5）索赔的计算主要包括＿＿＿＿＿＿＿＿＿和＿＿＿＿＿＿＿＿＿。

（6）工期索赔的计算方法主要有＿＿＿＿＿＿＿＿和＿＿＿＿＿＿＿。

（7）费用索赔的计算方法主要有＿＿＿＿＿＿＿＿和＿＿＿＿＿＿＿。

（8）反索赔的内容主要包括＿＿＿＿＿＿＿＿索赔和＿＿＿＿＿＿＿＿索赔。

2. 选择题

（1）监理人对合同缺陷的解释导致工程成本增加和工期延长，此时的索赔方向是（　　）。

  A．承包人向监理人索赔　　　　　　B．监理人向发包人索赔

  C．承包人向发包人索赔　　　　　　D．发包人向监理人索赔

（2）工程施工过程中发生索赔事件后，承包人首先要做的工作是（　　）。

  A．向监理人递交索赔证据　　　　　B．递交索赔报告

  C．发出索赔意向通知书　　　　　　D．进行索赔谈判

（3）某建设公司承包的写字楼工程，合同约定 2022 年 3 月 1 日开工，2023 年 8 月 30 日竣工。由于工期较紧，该公司提前半个月进场并做好了施工准备，然而由于场地中间有几个"钉子户"不搬迁，工程不能按期开工，直到 2022 年 6 月 1 日，问题才解决。在等待开工的过程中，该公司向发包人发出了索赔意向书。该公司在（　　）提交最终索赔报告，会失去索赔权利。

  A．2022 年 6 月 2 日　　　　　　　B．2022 年 6 月 15 日

  C．2022 年 6 月 20 日　　　　　　　D．2023 年 7 月 1 日

（4）在合同履行过程中，发包人要求承包人保护施工现场的一棵古树。为此，承包人自有的一台塔吊累计停工 2 天。台班单价 1 000 元/台班，折旧费 200 元/台班，则承包人可提出的直接费补偿为（　　）。

  A．2 000 元　　　　B．2 400 元　　　C．4 000 元　　　　D．4 800 元

（5）按照索赔事件的性质分类，在施工中发现地下流沙引起的索赔属于（　　）。

  A．工程变更索赔　　　　　　　　　B．工程延期索赔

  C．不可预见的不利条件索赔　　　　D．工程终止索赔

（6）某施工合同在履行过程中，先后在不同时间发生了如下事件：因监理人对隐蔽工程复检而导致某关键工作停工 2 天，隐蔽工程复检合格；因异常恶劣天气导致工程全面停工 3 天；因发包人采购的材料进场检验结果不合格，导致工程全面停工 4 天。则承包人可索赔的工期为（　　）天。

  A．2　　　　　　　B．3　　　　　　　C．5　　　　　　　D．9

（7）某工程项目合同价为 2 000 万元，合同工期为 20 个月，后因增建该项目的附属配套工程需要增加工程费 160 万元，则承包商可提出的工期索赔为（　　）个月。

  A．0.8　　　　　　B．1.2　　　　　　C．1.6　　　　　　D．1.8

（8）承包人递交索赔报告 28 天后，发包人未对此索赔要求作出任何表示，应视为（　　）。

  A．发包人认可承包人的索赔

  B．发包人已拒绝承包人的索赔

  C．承包人需要提交现场记录和补充证据资料

  D．需要继续等待发包人批准

（9）（　　）是索赔报告的关键部分，是索赔能否成立的关键，其目的是说明承包人有索赔权。

  A．总论部分　　　　　　　　　　B．论证部分

  C．计算部分　　　　　　　　　　D．证据部分

3．简答题

（1）简述索赔的特征。

（2）简述索赔的原因。

（3）简述分项计算法的步骤。

（4）简述反索赔的意义。

4．案例分析题

（1）某工程施工过程中，因设计变更，工作 E 的工程量由招标文件中的 500 m³ 增至 800 m³，增加的工作量超过了原工程量的 10%。按照合同约定，需要对工作 E 超过 10% 的部分进行单价调整，合同中工作 E 的全费用单价为 110 元/m³，协商调整后的全费用单价为 100 元/m³，原网络计划中，工作 E 为关键工作，工期为 10 天。

问题：

① 承包人能否对该事件提出工期索赔和费用索赔？

② 采用比例计算法计算工期索赔值。

③ 工作 E 的结算价是多少？

（2）某国有资金投资项目的发包人通过招标确定了施工总承包单位，双方签订了施工总承包合同，合同工期为 220 天。该项目的网络计划示意图如图 6-2 所示。

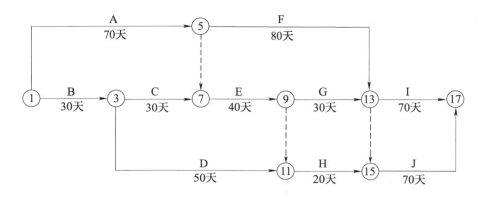

图 6-2　某国有资金投资项目的网络计划示意图

施工过程中发生如下事件。

事件 1：签订合同后，承包人提出优化工作 A 可以改善项目使用功能，发包人对工作 A 进行了设计变更，该变更使得工作 A 增加费用 50 万元，增加工期 5 天。承包人提出了费用 50 万元和工期 5 天的索赔。

事件 2：在工作 C 施工时，承包人按照监理人和发包人确认的主体工程施工计划进行施工，但实际施工工期比计划工期多了 6 天。承包人认为发包人和监理人已对其提交的施工进度计划进行了确认，因此提出了工期 6 天的索赔。

事件 3：承包人按照发包人要求，在工作 H 中使用了新型环保材料，增加费用 10 万元，增加工期 5 天。承包人对增加的费用和工期进行了索赔。

事件 4：工程施工到第 80 天时，遭受飓风袭击，损失严重，承包人及时向发包人提出费用索赔和工期索赔，经监理人审核后的内容如下。

① 部分已建工程遭到不同程度破坏，费用损失 30 万元。

② 施工现场承包人用于施工的机械损坏，造成损失 5 万元，用于工程的待安装设备（承包人供应）损坏，造成损失 1 万元。

③ 施工现场承包人使用的临时设施损坏，造成损失 1.5 万元，发包人使用的临时用房破坏，承包人负责修复，修复费用 1 万元。

④ 因灾害造成施工现场停工 10 天，索赔工期 10 天。

⑤ 灾后清理施工现场，恢复施工需要费用 3 万元。

问题：

① 分别指出事件 1～3 中承包人的索赔是否成立并说明理由。

② 分别指出事件 4 中承包人提出的五项索赔是否成立并说明理由。

③ 承包人可得到的索赔费用是多少？合同工期可顺延多长时间？

 **项目综合评价**

指导教师根据学生实际学习成果进行评价，学生配合指导教师完成如表 6-4 所示的学习成果评价表。

表 6-4　学习成果评价表

班级		组号		日期	
姓名		学号		指导教师	
项目名称	建设工程施工索赔				
项目评价	评价内容			满分/分	评分/分
知识（40%）	熟悉索赔的基础知识			6	
	理解索赔的依据			6	
	熟悉索赔的文件			5	
	熟悉索赔的程序			5	
	掌握索赔的计算方法			6	
	理解索赔的技巧			6	
	理解反索赔的有关知识			6	
技能（40%）	能够根据建设工程施工过程中的具体情况，准确判断是否可以提出索赔			10	
	能够编制索赔报告			10	
	能够根据建设工程施工过程中的具体情况，计算索赔工期和费用			10	
	能够根据建设工程情况及索赔报告，分析是否可以进行反索赔			10	
素养（20%）	积极参加教学活动，主动学习、思考、讨论			5	
	逻辑清晰，准确理解和分析问题			5	
	认真负责，按时完成学习、实践任务			5	
	团结协作，与组员之间密切配合			5	
合计				100	
自我评价					
指导教师评价					

项目七

国际工程招投标基础

项目导读

　　随着全球化的加速发展，国际间的合作与交流日益频繁。面对这种情况，系统、认真地学习和掌握国际工程招投标的有关知识是对每一位工程管理人员的基本要求，也是我国工程项目管理与国际接轨的基本条件。

　　本项目主要介绍国际工程招投标、FIDIC 施工合同条件等的有关知识。

项目要求

>> 知识目标

（1）理解国际工程招投标的内容及特点。

（2）熟悉国内和国际工程招投标的联系和区别。

（3）掌握国际工程投标策略。

（4）了解 FIDIC 和 FIDIC 施工合同条件。

（5）了解 FIDIC 施工合同条件的具体应用。

（6）理解 FIDIC 施工合同条件的保险条款和索赔条款。

（7）熟悉 FIDIC 施工合同条件争端的解决方式和适用法律的选择方法。

>> 技能目标

（1）能够与团队成员建立良好的沟通关系。

（2）能够有效地推动国际工程招投标的进行。

>> 素质目标

（1）弘扬爱岗敬业、忠于职守的职业精神。

（2）树立技能成才、技能报国的人生理想。

项目工单

1．项目描述

本项目以学生小组共同分析讨论建设工程施工合同与 FIDIC 施工合同的形式，引导学生对本项目的知识内容进行课前预习、课堂学习及课后巩固，从而帮助学生更好地理解和掌握国际工程招投标的有关知识。指导教师需要准备一份完整的建设工程施工合同与 FIDIC 施工合同，并指导学生以小组为单位分析建设工程施工合同与 FIDIC 施工合同的主要内容及其差异。

2．小组分工

以 3～5 人为一组，选出组长并进行分工，将小组成员及分工情况填入表 7-1 中。

表 7-1　小组成员及分工情况

班级：　　　　　　　　组号：　　　　　　　　指导教师：

小组成员	姓名	学号	分工
组长			
组员			

3．小组讨论

在开展活动前，请各组组长组织组员学习有关资料，讨论下列引导问题。

引导问题 1：国际工程招投标的内容是什么？

引导问题 2：国际工程投标策略有哪些？

引导问题 3：应用 FIDIC 施工合同条件的前提包括哪些？

引导问题 4：合同双方在选择 FIDIC 施工合同条件的适用法律时，通常需要考虑哪些因素？

4．制订计划

根据小组分工，每人制订一份学习计划，并在组内进行阐述。组员之间进行提问与答疑，选出最佳的学习计划，并将其填写在表 7-2 中。

表 7-2　学习计划

序号	学习内容	负责人
1		
2		
3		
4		
5		
6		

5．学习记录

按照本组选出的最佳学习计划进行有关知识的学习，并对指导教师提供的建设工程施工合同与 FIDIC 施工合同进行分析，将其主要内容的差异和分析过程中遇到的问题及其解决方法记录在表 7-3 中。

表 7-3　学习记录表

班级：　　　　　　　　组号：

序号	主要内容	差异		分析过程中遇到的问题及其解决方法
		建设工程施工合同	FIDIC 施工合同	
1	合同背景			
2	合同结构			
3	合同范围			
4	价格与支付			
5	工期与进度			
6	质量与验收			
7	变更与索赔			
8	风险与责任			
9	其他条款			

任务一　了解国际工程招投标

 任务引入

　　某国政府计划建设一座水电站，以缓解该国的电力短缺问题。该水电站预计投资数亿美元，建设周期为 5 年。为了确保项目的顺利进行，该国政府决定通过国际工程招标方式选择合适的承包人。我国某建设公司对这一项目非常感兴趣，决定参与投标。

> **思考**
> （1）该建设公司投标时需要进行哪些工作？
> （2）为了能够中标，该建设公司可以采取哪些投标策略？

　　国际工程是一种综合性的国际经济合作方式。国际工程的咨询、融资、规划、设计、施工、管理、培训及项目运营等阶段的参与者来自不同国家，并且按照国际通用的项目管理模式和方法进行管理。国际工程包括在国内进行的涉外工程和在国外进行的海外工程。一般来讲，国际工程的建设周期长、占用资金量大、施工技术复杂、管理水平要求高、不可预测的技术经济风险大，所以发包人希望选择施工技术水平高、能力强、经验丰富、质量好、效率高，而且工程价款合理的承包人；承包人则希望承包盈利丰厚且自己在技术和管理上擅长的投资项目。于是，国际工程发承包双方会本着商品经济的竞争原则互相选择对方，这种选择的重要方式就是国际工程招投标。

一、国际工程招投标的内容及特点

　　随着全球化深入发展，国际工程招投标已经成为国际经济合作的重要方式之一。下面主要介绍国际工程招投标的内容及特点。

（一）国际工程招投标的内容

国际工程招投标包括国际工程招标和投标。

1. 国际工程招标

国际工程招标主要包括确定招标方式、确定招标的基本程序、完成招标前的准备工作、开标、评标、定标等工作内容。

1）确定招标方式

国际上通常采用的招标方式有两类，一类是竞争性招标，这类招标可以分为公开招标和选择性招标，也就是国内常用到的公开招标和邀请招标；另一类是非竞争性招标，主要是谈判招标。谈判招标适用于专业技术性较强、施工难度较大、多数投标人难以胜任的工程项目，在这种招标方式下，投标人能否中标的决定因素不是价格，而是投标人的技术能力、施工质量和工期等条件。通常，招标方式可根据工程资金来源情况、工程情况、市场竞争情况等来确定。

2）确定招标的基本程序

国际工程招标的基本程序一般可以分为确定项目策略、投标人资格预审、招标、投标、开标、评标、定标、订立合同等阶段。

3）完成招标前的准备工作

招标前的准备工作主要包括成立招标机构、发布招标公告、进行资格预审、组织现场踏勘、编制招标文件等。国际工程招标项目成功的关键往往在于招标前的准备工作。在实际国际工程招标过程中，因事先考虑不周而导致招标失败的情况屡见不鲜。因此，招标人需要高度重视招标前的准备工作，以确保招标过程的顺利进行。

4）开标

投标截止后，招标人应按照招标文件规定的时间和地点进行开标。开标方式可以是当众公开，也可以是非当众公开，还可以是在一定的限制范围内公开。开标方式需要根据招标公告规定的程序进行选定。

5）评标

评标主要包括两方面的工作，一方面是符合性审查，即审查投标文件的符合性和核对投标报价；另一方面是实质性响应审查，即审查投标文件是否符合招标文件的实质性要求。

6）定标

评标委员会经过深入分析和比较投标文件后，应向招标人提交一份详细的综合评标报告，该评标报告是招标人定标的重要依据。招标人选择中标人，除了依据评标报告的有力论证外，也可以是出于某种特殊原因，甚至是出于对经济、政治方面的特殊考虑。招标人确认中标人后，应向中标人发出中标通知书，并邀请中标人商签合同。

2．国际工程投标

国际工程投标主要包括投标决策、完成投标前的准备工作、确定投标报价、编制和递交投标文件等工作内容。

1）投标决策

面对众多的国际工程招标项目，投标人首先需要确定投标对象，这是一项重要的投标决策。其次，投标人需要仔细考虑是选择独立投标还

国际工程投标的
注意事项

是联合投标，是作为总承包人投标还是作为分包人参与投标。投标人可以根据自己在技术、财务、管理等方面的能力，以及自己与招标人和其他投标人之间的关系，权衡比较后再进行投标决策。

2）完成投标前的准备工作

进行投标前，投标人应对招标项目的情况进行调查，熟悉与投标有关的技术规范、商业条款和政府的政策规定，做好投标前的准备工作。投标是一个比实力、比技术、比信誉、比能力、比技巧、比策略的竞争过程，投标前充分的准备工作是中标的前提。

3）确定投标报价

确定投标报价是整个投标过程的核心工作，是投标成败的关键。投标人应采用合理的投标报价计算程序和方法，做到既能在投标报价上击败竞争对手，成功中标，又能保证项目完工后获得合理的利润或达到计划的目标。

4）编制和递交投标文件

投标人应按招标文件的要求编制投标文件。投标文件编制完成后，应按招标文件的要求进行装订密封，并在规定的时间内递交到指定的地点。

特别提示

在投标过程中，一些细节性工作也很重要，如致函的措辞、填标、装订等，这些工作做不好也会导致整个投标工作前功尽弃。因此，投标人应充分重视投标过程中的细节性工作。

（二）国际工程招投标的特点

国际工程招投标的情况比较复杂，从总体上看，国际工程招投标主要具有商业性、综合性、技术复杂性、风险性、国际竞争性、法制性、工程所在地的制约性等特点。

1. 商业性

国际工程招投标是以建设工程为商品的生产和交换过程。投标人进行投标的目的是获得尽可能高的利润，同时赢得良好的信誉。由此可见，国际工程招投标具有明显的商业性。

2. 综合性

通常，国际工程招投标包括设计、设备采购、施工安装、人员培训、资金融通等内容。这些内容涉及工程、技术、经济、金融、贸易、管理等方面，显著地表现出国际工程招投标综合性的特点。

3. 技术复杂性

国际工程招投标涉及的技术范围广，技术要求高，需要投标人具备较高的技术水平和丰富的经验。因此，国际工程招投标具有一定的技术复杂性。

4. 风险性

国际工程从招标、投标到竣工验收，短则数年，长则十数年。在此期间难免会遇到各种事故，如动乱、政变、罢工等不可抗力事件。物价上涨、货币贬值、工程自然地理条件变化等也可能影响工程的进展。因此，国际工程招投标具有较大的风险性。

5. 国际竞争性

国际工程通常交易金额大、利润高，本身就具有激烈的国际竞争性。而且从商品、技术到劳动力，各国、各地区的成本和价格都有较大差异，投标人需要利用各自优势，想方设法在竞争中取胜。另外，由于这种激烈的竞争，招标人有可能对工程削价或提高条件，这也进一步加剧了国际工程招投标竞争的激烈程度。

6. 法制性

国际工程招投标是在工程所在地法律法规的制约下进行的，并且发承包双方签订的合同、协议等都受法律保护，正式业务书信经签名后即具有法律效力。如果出现争端和争执，需要时可以诉诸法律。因此，国际工程招投标具有显而易见的法制性。

7. 工程所在地的制约性

国际工程所在地为保护当地行业的利益，一般会实行保护主义，限制外国公司的经营活动。例如，有些国家会对外国公司在经营资格和经营范围上加以限制，规定本国劳动力和技术人员享有就业优先权，对外国公司规定较高的税率等。另外，不少发达国家会限制外汇流出，并限制外国劳动力入境。很多措施和法令也都起到了保护本国利益和制约外国公司的作用。因此，国际工程招投标具有工程所在地的制约性。

二、国内和国际工程招投标的联系和区别

招投标是商品经济的产物，是建筑承包市场商品交易的重要方式，因此，国内和国际工程招投标必然存在着较为密切的联系。招投标是一种既涉及一定的科学技术、经济制度，又涉及一定的政治法律制度、社会风俗习惯的复杂商务活动。由于各国在政治、经济、文化等方面的不同，国内和国际工程招投标在内容和形式上必然存在着区别。

（一）国内和国际工程招投标的联系

招投标制度是适应社会生产力水平发展起来的社会化生产经营管理方式，它不仅体现了特定的生产关系和上层建筑的要求，而且深刻反映了招投标制度与社会生产力水平之间的紧密关系。因此，单纯从社会生产力水平和社会管理角度来看，国内和国际工程招投标制度具有密切的联系。

（1）国内和国际工程招投标都受自然规律和时间序列的约束。国内工程招投标需要遵循从制订规则、设计、施工到投产等一系列既定的建设程序，国际工程招投标也需要遵循国际上普遍适用的建设程序。从招投标自身的建设程序来看，无论国内还是国际工程招投标，都应严格遵循自然规律所决定的时间序列。

（2）国内和国际工程招投标都是商品经济的产物。

（二）国内和国际工程招投标的区别

由于国内和国际商品经济发展的历史存在差异，而且不同国家和地区的政治经济制度、法律制度、民俗习惯也有所不同，因此，国内和国际工程招投标存在着一定的区别。

（1）国内和国际工程招投标制度的完善程度不同。国内工程招投标制度在近年来得到了显著的完善，与国际工程招投标制度的差距正在逐渐缩小。

（2）国内和国际工程招投标的政治、经济制度不同。我国是以公有制为主体的社会主义国家，而参与国际工程承包的绝大多数投标人都来自实行私有制的资本主义国家。公有制条件下企业之间的权责利（权利、责任、利益）关系与私有制条件下企业之间的有所不同。

特别提示

国内工程招投标面临的是同样的政治经济环境，而国际工程招投标由于涉及的范围广，各个项目所在地的政治经济环境会有明显差异。为了确保项目盈利，需要充分了解项目所在地的政治经济稳定程度，预防政治经济风险。

（3）国内和国际工程招投标的技术规范有较大的差异。国内工程招投标按照政府有关部门的规定，使用统一的技术规范。在国际工程招投标过程中，虽然大多数项目采用国际通用的技术规范，但项目所在地有权使用自己特定的技术规范，投标人需要谨慎，避免因此造成失误。

（4）国内工程招投标的常用方法不同于国际惯例。例如，在费用计算方法上，国内工程招投标一般采用的是单价加取费的方法，而国际工程招投标采用的是按市场情况确定的综合单价法；在合同范本上，国内工程招投标采用的是国内范本，而国际工程招投标大多采用的是国际通用的合同文本，如 FIDIC 施工合同条件等。

三、国际工程投标策略

国际工程投标是一场紧张而又特殊的国际商业竞争活动。目前，国际工程招标多是针对大型、复杂的工程项目进行的，因此投标竞争存在较大的风险。制订投标策略就是为了使投标人更好地发挥自己的实力，在影响投标成功的各项因素上展现出自己的相对优势，从而取得投标的成功。常用的国际工程投标策略有深入腹地策略、联合体投标策略、最佳时机策略、公共关系策略等。

（一）深入腹地策略

深入腹地策略是指投标人利用各种方法，进入工程所在地，使自己尽可能地接近或转变为当地企业，以谋取国际投标的有利条件。深入腹地策略的实施方法主要有在工程所在地注册登记和在工程所在地聘请投标代理人。

1. 在工程所在地注册登记

许多国家和地区在国际工程招标的问题上，采取对本国投标人与外国投标人的差别化政策，给本国投标人更多的优惠，这一点在发展中国家尤为明显。有些国家在招标文件中明文规定，本国投标人享受一定的优惠，较大的投标报价差别就削弱了外国投标人的投标报价竞争力。

有些发达国家，虽然从其招标法律或条文中找不到对投标人的差别待遇规定，但在实际操作时，会以各式各样的条例限制外国投标人与本国投标人竞争。因此，国际工程招标都会有所偏向，只不过有些采用公开方式，而有些实施隐蔽政策。

为保持自己的竞争优势，外国投标人应在条件允许的情况下，将自己转变为当地企业，以享受优惠待遇。投标人参加某国国际工程招标之前，在该国贸易注册局或有关机构注册登记，是转变为该国公司的有效途径。投标人在工程所在地注册登记后成为当地法人，就成为当地独立的法律主体，从事民事和贸易活动时，应接受当地法律管辖，并拥有与当地投标人平等的权利和地位。

2. 在工程所在地聘请投标代理人

在工程所在地聘请投标代理人是指外国投标人作为委托人，授权工程所在地的某人或某机构，代表委托人进行投标及有关活动。在工程所在地聘请投标代理人有以下三个优点。

（1）在工程所在地聘请投标代理人，有助于完善国际工程投标手续。有些国家和地区把聘请当地投标代理人作为国际工程投标的法定手续。有些国家和地区规定，投标人若没有在当地设立分支机构，需要聘请合法注册的当地投标代理人才能投标。

（2）在工程所在地聘请投标代理人，有助于深入理解招标文件。投标人对国外招标文件的理解可能受两方面因素的制约。一方面是文字语言因素，招标文件条款翻译稍有差距，就会影响投标报价的准确性。有些国家和地区规定，招标必须使用当地语言，而当地投标代理人可起到详细、准确解释招标文件的作用。另一方面是背景资料因素，国际招标文件中各项条款不可能每项都十分具体，对那些在当地已经形成的惯例和规则的表述更为简单笼统。外国投标人要想深入理解该招标文件，需要借助各种背景资料了解工程所在地的招标程序和惯例等，而当地投标代理人可起到提供有关背景资料的作用。

（3）在工程所在地聘请投标代理人，有助于了解当地的招标信息，掌握当地国际工程招标的习惯做法，咨询当地国际工程招标法律规章的问题，还可以由当地投标代理人出面联系处理有关事宜，从而提高企业投标竞争力。有些国家和地区规定，当地已能生产的与投标有关的原料或产品不能进口，即使允许进口，也要在投标总量中包含一定比例的当地产品。在参加这些国家和地区的国际工程投标时，外国投标人可以通过当地投标代理人了解工程所在地已能生产的与投标有关的原料或产品，从而在投标文件中排除这些原料或产品，或留出一定比例，供当地投标人分包。

在工程所在地聘请投标代理人需要注意以下事项。

（1）聘请具有法人资格、一定注册资本和代理投标经验，或在当地国际工程招标市场上具有权势和影响力的人担任投标代理人。这样，外国投标人就可利用其优势打开国际工程投标局面，为自己争取中标。

（2）聘请当地投标代理人需要订立代理合同或协议。外国投标人要与当地投标代理人订立代理合同或协议，明确委托人和当地投标代理人各自的权利与义务，说明当地投标代理人进行投标及其他活动的权限范围，确定委托人向当地投标代理人支付报酬的方式和金额。订立代理合同或协议时，要认真考虑聘用当地投标代理人的时间，详尽规定当地投标代理人的权限范围。根据外国投标人从事投标的需要，代理合同的时间可长可短。为了保证投标活动和中标后经营活动的连续性，可长期聘用当地投标代理人。

特别提示

在国际工程招标市场前景良好、招标活动频繁的国家和地区，委托人可以与当地有能力的投标代理人建立长久的合同关系。投标代理人的权限范围是代理合同或协议的重要内容。若该部分条款空洞笼统，投标代理人职责不明，投标代理人很可能起不到应有的作用，甚至出现权力滥用现象，给委托人带来不良后果。

（二）联合体投标策略

联合体投标策略是指投标人使用联合体投标的方法，改变外国投标人不利的竞标地位，提高竞标水平的投标策略。采取联合体投标策略时，应由两个及以上投标人根据投标项目组成单项合营，注册成立合伙企业或结成松散的联合体，共同投标报价。

联合体投标成员要签订联合体协议书，规定各自的义务、分担的资金、分别提供的设备和劳动力等，其中一位成员作为合同执行的代表，即作为负责人（又称为主办人或责任人），与其他成员（称为合伙人）一起受到联合体协议书条款的约束。联合体投标策略的作用主要包括以下几个方面。

（1）扩大投标人的实力。中小企业可以采用联合体投标策略来扩大实力，以便与资金雄厚、专业和技术水平高的大企业竞争。

（2）符合国际工程招标的要求。为了扶持当地企业，发展民族经济，一些国家和地区要求外国投标人与当地投标人组成联合体投标。有些国家和地区甚至对联合体投标予以鼓励，比如规定若外国投标人与当地投标人组成联合体投标，且当地投标人的股份在50%以上，则该联合体可以在评标时享受7.5%或更多的优惠。

（3）分散风险。国际工程投标一旦中标，利润十分可观，但同时也伴随着巨大的风险。由于国际工程涉及较长的周期和复杂的外部环境，单个投标人往往难以承受所有的风险。组成联合体投标时，投标人可以通过签订联合体协议书，共享利润、共担风险，将风险分散到各联合体成员。

（三）最佳时机策略

最佳时机策略是指投标人在接到投标邀请至截止投标这段时间内，选择最有利的时间递交投标文件的投标策略。投标时间的选择对于投标成功与否具有很大影响。

在选择最佳时机时，投标人应遵循反应迅速、战术多变、情报准确等原则，并密切关注市场和竞争对手的动态。投标人即使有了较为准确的投标报价，仍然需要等待最佳时机，在重要竞争对手出手后采取行动。竞争对手的数量和投标报价的高低会严重影响投标人中标的可能性。所以，投标人应在了解了竞争对手的情况后，根据实际中标的可能性调整原投标报价，使其更加合理。

在国际工程招标过程中，投标人通常会采取保密措施来防止对方了解自己的根底。因此，一个投标人不可能掌握全部竞争对手的详细资料。这时投标人应瞄准一个或两个主要的竞争对手，在主要竞争对手投标之后进行投标报价。这样可以在一定程度上迷惑对手，使自己更具竞争优势。

（四）公共关系策略

公共关系策略是指投标人在投标前后加强同外界的联系，通过各种方式宣传和扩大企业的影响力，同时与招标人建立良好的沟通关系，以争取更多中标机会的投标策略。目前，在国际工程招标中，这种场外活动比较普遍，因为招标过程不仅涉及技术和价格的竞争，还涉及企业形象和信誉的竞争。

公共关系策略的主要方法包括加强与当地招标机构、政府官员和社会名流的联系，以及通过各种宣传方式向外界展示企业的实力和优势。这些方法有助于提高企业的知名度和信誉度，增强招标人对企业的信任感，从而增加中标的可能性。

 ｜特别提示

　　公共关系策略运用得当会对中标产生积极的效果。因此，在使用时要特别注意不同工程所在地的文化习俗差异，见机行事，有的放矢。公共关系策略的宗旨是培养外界对企业的信任与认可。

任务实施

通过本任务的学习，相信同学们已经知道了任务引入中问题的答案。

（1）该建设公司投标时需要进行的工作包括投标决策、完成投标前的准备工作、确定投标报价、编制和递交投标文件等。

（2）为了能够中标，该建设公司可以采取深入腹地策略、联合体投标策略、最佳时机策略和公共关系策略。

任务二 了解 FIDIC 施工合同条件

任务引入

某工程项目采用 FIDIC 施工合同条件,发包人和承包人在合同中约定了工程范围、工期、质量标准、付款方式等条款。在施工过程中,因发现地下文物而导致工程暂停,同时承包人为了保护地下文物投入了一定的费用。承包人因此向发包人提出了工期和费用索赔。

思考 承包人的工期和费用索赔是否成立?为什么?

合同条件是合同文件最为重要的组成部分。在国际工程发承包中,发承包双方在签订施工合同时,常参考一些国际性知名专业组织编制的标准合同条件,本项目主要介绍 FIDIC 编制的施工合同条件。

一、FIDIC 简介

FIDIC 是一个国际性的非官方组织,其中文名称是国际咨询工程师联合会,其英文名称是 international federation of consulting engineers,FIDIC 是其法文名称的缩写。FIDIC 是在 1913 年由瑞士、法国、比利时三个国家的咨询工程师协会成立的。经过一百多年的发展,FIDIC 已拥有很多国家和地区的咨询工程师专业团体会员。FIDIC 是被世界银行认可的国际咨询服务机构,其总部设在瑞士洛桑。我国于 1996 年正式加入 FIDIC。

FIDIC 下设四个地区成员协会,即亚洲及太平洋地区成员协会(ASPAC)、欧洲共同体成员协会(CEDEIC)、非洲成员协会集团(CAMA)和北欧成员协会集团(RINOED)。FIDIC 还下设了许多专业委员会,如业主与咨询工程师关系委员会(CCRC)、土木工程合同委员会(CECC)、电器机械合同委员会(MELC)及职业责任委员会(PLC)等。FIDIC 编制了许多标准合同条件,如 FIDIC 施工合同条件、FIDIC 电器和机械工程合同条件等。这些合同条件不仅被 FIDIC 成员国采用,也被世界银行、亚洲开发银行等国际金融机构采用。

二、FIDIC 施工合同条件简介

FIDIC 施工合同条件主要包括通用合同条件和专用合同条件。

（一）FIDIC 通用合同条件

工程建设项目不论属于哪个行业，也不管处于何地，只要是土木工程类的施工，均可采用 FIDIC 通用合同条件。FIDIC 通用合同条件共分 20 条，包括一般规定，发包人，监理人，承包人，分包人，职员和劳工，永久设备、材料和工艺，开工、延误和暂停，竣工检验，发包人的接收，缺陷责任，测量和估价，变更和调整，合同价款和支付，发包人提出的终止，承包人提出的暂停和终止，风险与职责，不可抗力，保险，索赔、争端和仲裁等。

（二）FIDIC 专用合同条件

FIDIC 专用合同条件是相对于 FIDIC 通用合同条件而言的，其主要作用是根据准备实施项目的工程专业特点，以及工程所在地的政治、经济、法律、自然条件等地域特点，将 FIDIC 通用合同条件中的规定具体化。FIDIC 专用合同条件还可以对 FIDIC 通用合同条件中的规定进行相应的补充、完善和修订，或取代其中的某些内容，也可以增补 FIDIC 通用合同条件中没有的条款。

FIDIC 专用合同条件
中的条款出现的原因

虽然 FIDIC 通用合同条件可以适用于所有土木工程类的施工，且条款也非常具体和明确，但是不少条款还需要前后串联、对照才能最终明确其全部含义，或与 FIDIC 专用合同条件相应序号联系起来，才能构成一条完整的内容。在 FIDIC 施工合同管理中，关于施工质量管理、施工进度管理、工程价款管理等方面的规定，与我国通用的建设工程施工合同的有关规定类似，这里不再赘述。

三、FIDIC 施工合同条件的具体应用

（一）FIDIC 施工合同条件适用的工程类别

FIDIC 施工合同条件主要适用于一般的土木工程施工项目，包括工业与民用建设工程、土壤改善工程、道桥工程、水利工程、港口工程等。

（二）FIDIC 施工合同条件适用的合同性质

FIDIC 施工合同条件主要适用于国际工程施工项目，但随着 FIDIC 施工合同条件的不断更新，使得 FIDIC 施工合同条件不但适用于国际工程施工项目，而且同样能够适用于国内工程施工项目（需要对专用合同条件进行修改）。

（三）应用 FIDIC 施工合同条件的前提

FIDIC 施工合同条件注重发包人、承包人、监理人之间关系的协调，强调监理人在项

目管理中的作用。在土木工程施工项目中，应用 FIDIC 施工合同条件需要具备以下前提。

（1）通过竞争性招标确定承包人。

（2）委托监理人对工程施工进行监理。

（3）按照单价合同编制招标文件。

四、FIDIC 施工合同条件的保险条款

FIDIC 施工合同条件的保险条款规定了承包人在施工过程中需要负责购买的保险。其中，常见的保险主要包括工程保险、货物保险、专业责任缺陷保险、人身伤害和财产损失保险等。

（一）工程保险

承包人应以承包人和发包人的联合名义，从开工日期起至颁发工程接收证书之日止，为以下各项购买保险。

（1）工程和承包人的文件，以及用于工程的材料与设备，包括其全部重置价值。保险范围应扩大到包括因使用有缺陷的材料、工艺设计或建造的构件出现故障而导致的工程任何部分的损失。

（2）施工过程中工程的所有损失。保险范围应包括发包人和承包人因任何原因造成的损失。

（二）货物保险

承包人应以承包人和发包人的联合名义，按合同资料中规定的范围或金额为承包人运至现场的货物和其他物品购买保险。

（三）专业责任缺陷保险

承包人应以承包人和发包人的联合名义，为其在施工过程中可能出现的不当行为、错误或因疏忽导致的专业责任缺陷购买保险。

（四）人身伤害和财产损失保险

承包人应以承包人和发包人的联合名义，为施工过程中可能引起的人身伤害或财产（工程除外）损失购买保险。

五、FIDIC 施工合同条件的索赔条款

FIDIC 施工合同条件的索赔条款规定了因施工过程中可能出现的不利情况或事件，导

致承包人遭受损失或成本增加时，承包人可以向发包人提出索赔的情形。根据 FIDIC 施工合同条件，索赔的原因主要包括以下几个方面。

（1）工期延误。发包人未能按照合同规定的时间提供施工图纸、材料与设备，以及其他原因导致工期延误，承包人可以提出工期索赔。

（2）成本增加。如果施工过程中遇到不利情况或事件，导致承包人需要增加成本来完成工程，承包人可以提出费用索赔。例如，工程变更、单价改动、规范改变或不可预见事件等。

（3）合同缺陷。如果发包人提供的合同条件存在缺陷或错误，导致承包人需要承担额外的工作或费用，承包人可以提出索赔。

（4）发包人违约。如果发包人未能按照合同规定履行其义务，导致承包人遭受损失或成本增加，承包人可以提出索赔。

承包人和发包人在索赔过程中应遵循以下规定。

（1）承包人应在引起索赔的事件或情况发生后 28 天内向监理人提交索赔意向通知书，承包人还应提交一切与该事件或情况有关的其他书面材料，以及详细的索赔报告。

（2）承包人应做好用以证明索赔的同期记录。监理人在收到索赔意向通知书后，应在不必事先承认发包人责任的情况下，监督此类记录，并可以指示承包人保持进一步的同期记录。承包人应按监理人的要求提供此类记录的复印件，并允许监理人审查所有此类记录。

（3）在引起索赔的事件或情况发生后 84 天内，或在监理人批准的其他合理时间内，承包人应向监理人提交一份索赔报告，详细说明索赔的依据、索赔的工期和索赔的费用。

（4）监理人在收到索赔报告或该索赔进一步的详细证明报告后 14 天内，或在承包人同意的其他合理时间内，应表示批准或不批准，并就索赔的原则给出回应。

（5）监理人根据合同规定确定承包人可获得的工期延长和费用补偿。如果承包人提供的详细证明报告不足以证明全部的索赔，那么他仅有权得到已被证实的那部分索赔。

特别提示

如果承包人未能在引起索赔的事件或情况发生后 28 天内向监理人提交索赔意向通知书，那么承包人将丧失索赔权。

六、FIDIC 施工合同条件争端的解决

在国际工程项目实施中，争端是难以避免的。如果发包人与承包人在合同实施过程中发生了争端，任一方均可以书面形式将争端提交争端裁决委员会（DAB）裁定，同时应将副本送交另一方和监理人。FIDIC 施工合同条件中有关争端解决的规定如下。

（1）如果 DAB 在收到书面报告后未能在 84 天内对如何解决争端给出决定，那么合

同双方中任一方都可在上述 84 天期满后的 28 天内向对方发出要求仲裁的通知。

（2）如果 DAB 将其决定通知了合同双方，而合同双方在收到此通知后的 28 天内都未就此决定向对方表示不满，那么该决定即为对合同双方都有约束力的最终决定。

（3）如果合同双方中任一方对 DAB 的裁决不满，那么他应在收到该决定通知后的 28 天内向对方发出表示不满的通知，并说明理由，表明准备提请仲裁。

特别提示

在一方发出表示不满的通知后，仲裁需要 56 天之后才能开始。合同双方应充分利用这段时间，争取通过友好方式解决争端。

（4）如果一方发出表示不满的通知 56 天后，争端未能通过友好方式解决，那么此类争端应提交国际仲裁机构进行最终裁决。除非合同双方另有协议，仲裁应按照国际商会的仲裁规则进行。

（5）当 DAB 对争端给出决定之后，如果一方既未在 28 天内提出表示不满的通知，又不遵守此决定，那么另一方可不经友好解决阶段直接将此不执行决定的行为提请仲裁。

特别提示

只要合同尚未终止，承包人就有义务按照合同继续施工。未通过友好解决或仲裁改变 DAB 给出的决定之前，合同双方应执行 DAB 给出的决定。

七、FIDIC 施工合同条件适用法律的选择

当 FIDIC 施工合同条件应用于国际工程项目时，由于国际工程项目一般会涉及多个国家和地区，因此 FIDIC 施工合同条件适用法律的选择具有多样性。各个国家和地区的政治制度、经济制度、民族习惯等存在很大的差异，这必然决定了各个国家和地区的法律制度也有很大的不同。合同双方选择合适的法律对于确保双方的权利和义务至关重要。合同双方在选择 FIDIC 施工合同条件的适用法律时，通常需要考虑以下因素。

（1）工程项目所在地的法律要求。如果工程项目所在地对合同适用的法律有明确规定，那么合同双方在选择适用法律时，必须遵守工程项目所在地的法律规定。

（2）合同双方的法律背景。合同双方所在地的法律体系、法律文化，以及司法实践都可能影响合同的解释和执行，因此，合同双方在选择适用法律时，需要考虑合同双方的法律背景。

（3）第三方利益的保护。国际工程项目会涉及多个利益有关方，如供应商、分包人等。合同双方在选择适用法律时，需要考虑保护第三方的利益，确保国际工程项目的顺利进行。

（4）国际惯例和仲裁机制。在国际工程项目中，合同双方通常会选择国际公认的仲裁机构解决争端。因此，合同双方在选择适用法律时，需要考虑该法律是否与所选仲裁机构的仲裁规则相兼容。

FIDIC 施工合同条件在国际工程项目中的应用涉及复杂的法律选择问题。为确保合同的顺利履行和项目的成功实施，合同双方需要充分协商，权衡各种因素，选择最为合适的适用法律。

任务实施

通过本任务的学习，相信同学们已经找到了任务引入中问题的答案。

承包人的工期和费用索赔成立。因为根据 FIDIC 施工合同条件，如果由于非承包人的原因造成暂停施工，承包人有权获得合理的工期和费用索赔。在该案例中，因发现地下文物而导致工程暂停，这属于非承包人原因造成的工程暂停。另外，承包人为了保护地下文物投入了一定的费用，因此，承包人有权提出工期和费用索赔。

匠心筑梦"致青春"

"先德行，后技能，己成，则物成。"谈到如何在海外践行"工匠精神"，景师傅这样说道。

景师傅是某国际工程公司总经理助理，他长期驻外，将最好的青春年华奉献在了海外。虽然工作繁忙，他无法时常陪伴在家人的身边，但他对家人的关爱和思念从未减少。景师傅深知，作为负责人，他必须坚守岗位、以身作则，以维护前方团队的稳定，确保市场的拓展和项目的履约。在景师傅的心中，家庭与工作并非对立的矛盾，而是相辅相成、和谐共生的整体。他感激家人的理解与支持，也深知自己对家庭的亏欠。然而他相信，通过自己的努力与付出，他既能够为家人创造更好的生活条件，也能为国家的工程建设事业贡献自己的力量。

"中国建设者在海外有很好的口碑，每当海外政府部门或有关国际机构莅临项目考察，赞扬我们干实事、讲信誉、重履约时，我们都感到很欣慰，感觉自己不负青春。"景师傅说。

"国内有朋友和同行时常会开玩笑地说我是'燃烧自己的青春，建设别人的家园'，其实我想这就是我们工程建设者的初心和使命，不管从事什么类型的工程，我们都是在为点亮万家灯火、提高人民生活质量、促进人与自然和谐相处贡献自己的力量。"景师傅说。

（资料来源：苑菁菁，《在柬中国建设者景波：匠心筑梦"致青春"》，
中国新闻网，2022 年 9 月 7 日）

项目实训——分析建设工程施工合同与 FIDIC 施工合同

1．实训目的

学生通过分析建设工程施工合同与 FIDIC 施工合同，能够全面了解建设工程施工合同与 FIDIC 施工合同的主要内容及其差异，从而提高合同管理能力和风险控制能力。同时，通过案例分析，学生能够更好地掌握实际应用技巧，为未来的工作打下坚实的基础。

2．实训背景

在现代建设工程项目中，合同管理是确保项目顺利进行的关键环节。建设工程施工合同与 FIDIC 施工合同作为两种重要的合同范本，广泛应用于国内外各类建设工程项目中。为了使学生更好地理解和掌握这两种合同的实际应用，提高解决实际问题的能力，本次实训将通过案例分析的方式，让学生对建设工程施工合同与 FIDIC 施工合同进行深入探讨。

3．实训内容

指导教师需要准备建设工程施工合同与 FIDIC 施工合同范本，以及具有代表性的建设工程施工合同与 FIDIC 施工合同案例，要求学生以小组为单位，按照以下程序参加本次实训。

1）理论讲解

学生以小组为单位，学习指导教师准备的建设工程施工合同与 FIDIC 施工合同范本，每组选派代表参加以下理论知识的讲解。

（1）建设工程施工合同与 FIDIC 施工合同的基本概念、发展历程和主要特点。

（2）建设工程施工合同与 FIDIC 施工合同的主要内容，如合同背景、合同结构、合同范围、价格与支付、工期与进度、质量与验收、变更与索赔、风险与责任等。

（3）建设工程施工合同与 FIDIC 施工合同的差异，如适用范围、权利与义务关系、争端解决方式等方面的差异。

2）案例分析

学生以小组为单位，分析指导教师准备的具有代表性的建设工程施工合同与 FIDIC 施工合同案例。

（1）各小组针对合同案例进行讨论，分析案例中的合同条款，以及争端的焦点和解决办法。

（2）每组选派代表汇报讨论结果，其他小组可提问或发表不同意见。

3）点评与总结

（1）指导教师对各组的讨论结果进行点评，引导学生思考合同的执行标准和风险控制。

项目思维导图

（2）指导教师对整个实训过程进行总结，回顾所学知识，强调重点和难点。

项目综合考核

1. 填空题

（1）国际上通常采用的招标方式有两类，一类是_____，另一类是_____。

（2）开标方式可以是_____，也可以是_____，还可以是在一定的限制范围内公开。

（3）_____是整个投标过程的核心工作，是投标成败的关键。

（4）深入腹地策略的实施方法主要有_____和_____。

（5）在选择最佳投标时机时，投标人应遵循_____、_____、_____等原则，并密切关注市场和竞争对手的动态。

（6）FIDIC 施工合同条件主要包括_____和_____。

（7）在 FIDIC 施工合同条件的保险条款中，承包人负责购买的保险主要包括_____、_____、_____、_____等。

2. 选择题

（1）FIDIC 是（　　）的缩写。

    A. 欧洲国际建筑联合会英文   B. 国际咨询工程师联合会法文

    C. 国际土木工程协会英文   D. 欧洲国际建筑联合会法文

（2）由承包人负责采购的材料，到货检验时发现不符合标准要求，承包人按监理人的要求进行了重新采购，材料最后达到了标准要求。下面关于该索赔事件的叙述正确的是（　　）。

    A. 费用由发包人承担，工期不予顺延

    B. 费用由发包人承担，工期给予顺延

    C. 费用由承包人承担，工期不予顺延

    D. 费用由承包人承担，工期给予顺延

（3）承包人应在引起索赔的事件或情况发生后（　　）天内向监理人提交索赔意向通知书。

    A. 24   B. 28   C. 56   D. 84

（4）如果 DAB 将其对争端的处理决定通知了合同双方，而合同双方在收到此通知后的（　　）天内都未就此决定向对方表示不满，则该决定成为对合同双方都有约束力的最终决定。

　　　　A. 24　　　　　　　　B. 28　　　　　　　　C. 42　　　　　　　　D. 84

（5）在一方发出表示不满 DAB 决定的通知后，仲裁需要（　　　）天之后才能开始。

　　　　A. 24　　　　　　　　B. 28　　　　　　　　C. 56　　　　　　　　D. 84

3．简答题

（1）简述国际工程招投标的特点。

（2）简述在工程所在地聘请投标代理人的优点。

（3）FIDIC 通用合同条件包括哪些内容？

4．案例分析题

某国际工程项目中，合同规定发包人应向承包人提供作为施工现场一部分的采石场。工程开工后，承包人多次发出书面通知，并按时提供了此采石场的开采计划，但发包人原来安装在采石场的设备却由于种种原因没有及时搬迁。承包人因此向发包人提出了工期和费用索赔要求。为了审查此项索赔，监理人对这一事件进行了调查，发现在发包人搬迁拖延期间，承包人的碎石机由于供货商的原因没有按计划到场。最后在承包人的碎石机到场时，发包人的设备刚好搬迁完毕。

问题：承包人的工期和费用索赔要求成立吗？为什么？

项目综合评价

指导教师根据学生实际学习成果进行评价，学生配合指导教师完成如表 7-4 所示的学习成果评价表。

表 7-4　学习成果评价表

班级		组号		日期	
姓名		学号		指导教师	
项目名称		国际工程招投标基础			
项目评价	评价内容			满分/分	评分/分
知识（40%）	理解国际工程招投标的内容及特点			6	
	熟悉国内和国际工程招投标的联系和区别			6	
	掌握国际工程投标策略			6	
	了解 FIDIC 和 FIDIC 施工合同条件			5	
	了解 FIDIC 施工合同条件的具体应用			5	
	理解 FIDIC 施工合同条件的保险条款和索赔条款			6	
	熟悉 FIDIC 施工合同条件争端的解决方式和适用法律的选择方法			6	
技能（40%）	能够与团队成员建立良好的沟通关系			10	
	能够有效地推动国际工程招投标的进行			10	
	能够根据国际工程案例制订合适的投标策略			10	
	能够解决争端			10	
素养（20%）	积极参加教学活动，主动学习、思考、讨论			5	
	逻辑清晰，准确理解和分析问题			5	
	认真负责，按时完成学习、实践任务			5	
	团结协作，与组员之间密切配合			5	
合计				100	
自我评价					
指导教师评价					

参考文献

[1] 宋春岩. 建设工程招投标与合同管理 [M]. 5 版. 北京：北京大学出版社，2022.

[2] 刘钦. 工程招投标与合同管理 [M]. 4 版. 北京：高等教育出版社，2020.

[3] 杨锐. 工程招投标与合同管理实务 [M]. 北京：北京大学出版社，2022.

[4] 王艳艳，黄伟典. 工程招投标与合同管理 [M]. 4 版. 北京：中国建筑工业出版社，2023.